用咖哩塊做出
超好吃咖哩飯

Curry roux

一人份 15分鐘 省時、省錢食譜！

咖哩塊料理

只需溶解咖哩塊，微波或拌炒15分鐘！
就能用咖哩塊做出美味咖哩飯

咖哩塊的魅力

睽違將近十年，東京咖哩番長終於開始認真研究咖哩塊，結果發現咖哩塊極具潛力，而且製作上無比方便。

眾所周知，人人都能用咖哩塊輕鬆做出美味咖哩。然而，用咖哩塊做咖哩，總給人一種份量過多又耗時的印象。

很多人認為用咖哩塊做咖哩，「必須煮一大鍋才會好吃」、「長時間燉煮比較美味」。二十年前的我也有過這些想法，並真心這麼覺得。

但是，其實只要使用一些小訣竅，便能用短短的時間煮出一道美味的1人份咖哩。

訣竅就是利用微波爐及平底鍋，製作微波咖哩和乾炒咖哩！

本書提供多元的咖哩食譜，介紹如何活用這些技巧。讓各位讀者不只能輕輕鬆鬆做咖哩，甚至能運用小巧思，做出味道更講究的咖哩料理。

《15分鐘省時、省錢食譜！一人份咖哩塊料理》

看完本書後，必定能讓你認識更多新的咖哩配方！

東京咖哩番長 隊長 伊東盛

創意咖哩集團「東京咖哩番長」的隊長。時常巡迴全國各地製作「外燴咖哩」，同時擔任咖哩專門料理教室的講師，在雜誌、書籍、網路等發表食譜，並參與咖哩相關產品的監修，以及開發餐廳菜單。

https://www.facebook.com/tokyocurrybancho/

INDEX

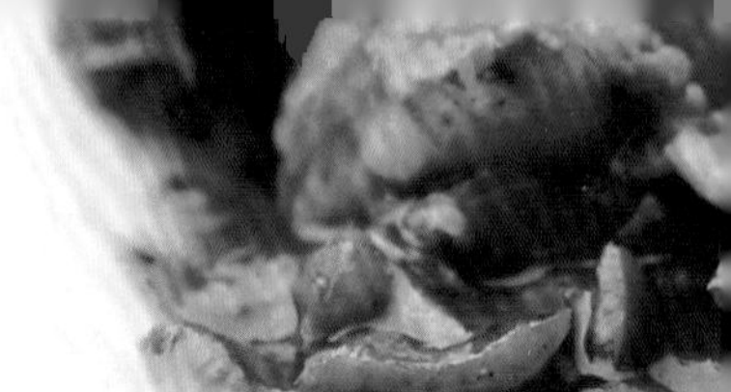

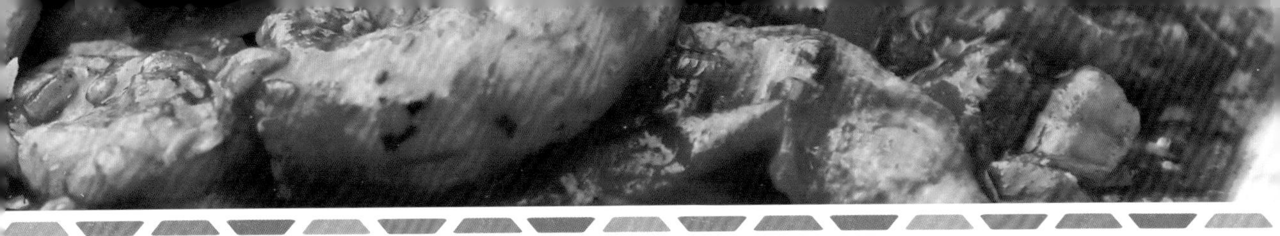

咖哩塊也能做出正宗咖哩

咖哩塊和咖哩粉一樣嗎？

咖哩塊和咖哩粉不同。一般來說，咖哩塊是用鹽、砂糖、清湯或蔬菜湯底等各種組成「味道」的元素，加上「咖哩粉」，並由麵粉及油脂等組合而成，本身便兼具味道與香氣；而咖哩粉則單純以香料與草本混合而成，具有「香氣」，卻不具「調味」。

用咖哩塊做1人份咖哩，會好吃嗎？

大家是否認為，製作咖哩的份量要夠大才會好吃呢？其實，咖哩塊的配方經過精心設計，無論煮成一盤、兩盤，甚至十盤，都能維持相同的風味。若改變份量就會導致走味，就失去咖哩塊「味道不變」的目的了。因此即便一次只做一盤，仍能做出美味的咖哩。

難以做出變化？

在家用咖哩塊做咖哩，常會了無新意。要特意準備新食材的確相當麻煩，但其實咖哩塊有無窮的潛力，適合搭配任何食材，能創造出各式各樣的組合。除了做法簡單，還能在短短15分鐘內完成。試著煮煮看不同以往的咖哩吧！

微波爐也能製作咖哩塊料理嗎？

咖哩塊是固體，自然會擔心使用微波爐的話，是否會難以溶解。但其實經微波後，只要充分攪拌，便能輕易溶解咖哩塊。即使將咖哩塊放入微波過的食材裡，也能成功溶解咖哩塊，還能使食材入味，讓咖哩變得更加美味。

咖哩飯是國民美食，而咖哩塊則奠定了這令人安心的味道。
在此將為你介紹一些不為人知的咖哩塊大小事。

咖哩塊必須經過燉煮嗎？

咖哩塊的配方經過設計，只需用適量的開水，就能做出美味的咖哩醬。長時間燉煮，將改變食材的狀態，也會使味道更加濃郁，因此可以照自己的喜好調整燉煮時間。換言之，只要用對市售咖哩塊的份量，無論怎麼煮，都能煮出美味的咖哩。

每間廠商的咖哩塊味道大不同？

每家品牌所製作的咖哩塊各有特色，例如有些咖哩塊的草本、香料味較重等等。本書在各個食譜記載了所使用的咖哩塊，但實際料理時，也可使用家中常備的咖哩塊，或試著換成辣味、甜味等各種口味的咖哩塊，拓展自己的味蕾世界。

咖哩塊的使用說明書

依據品牌，調整一盤所需使用的咖哩塊份量！

本書中一盤所使用的咖哩塊份量

好侍
佛蒙特咖哩
約20g

好侍
爪哇咖哩
約20g

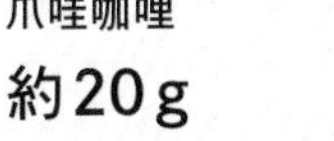

S&B
Fond de veau
晚餐咖哩
約20g

S&B
金牌咖哩
約16～20g

S&B
美味香醇咖哩
約18g

S&B
本挽咖哩
約11～16g

Glico
頂級熟成咖哩
20g

荏原
橫濱舶來亭
30g

※以上咖哩塊皆為中辣。

有什麼
不同之處呢？

咖哩塊品牌的特徵

在此，我們試著將本書中所用的咖哩塊依特徵分類。咖哩塊的風味大致可分成四個象限。透過下圖，可確認使用咖哩屬於哪種風格，並找出想嘗試的風味。

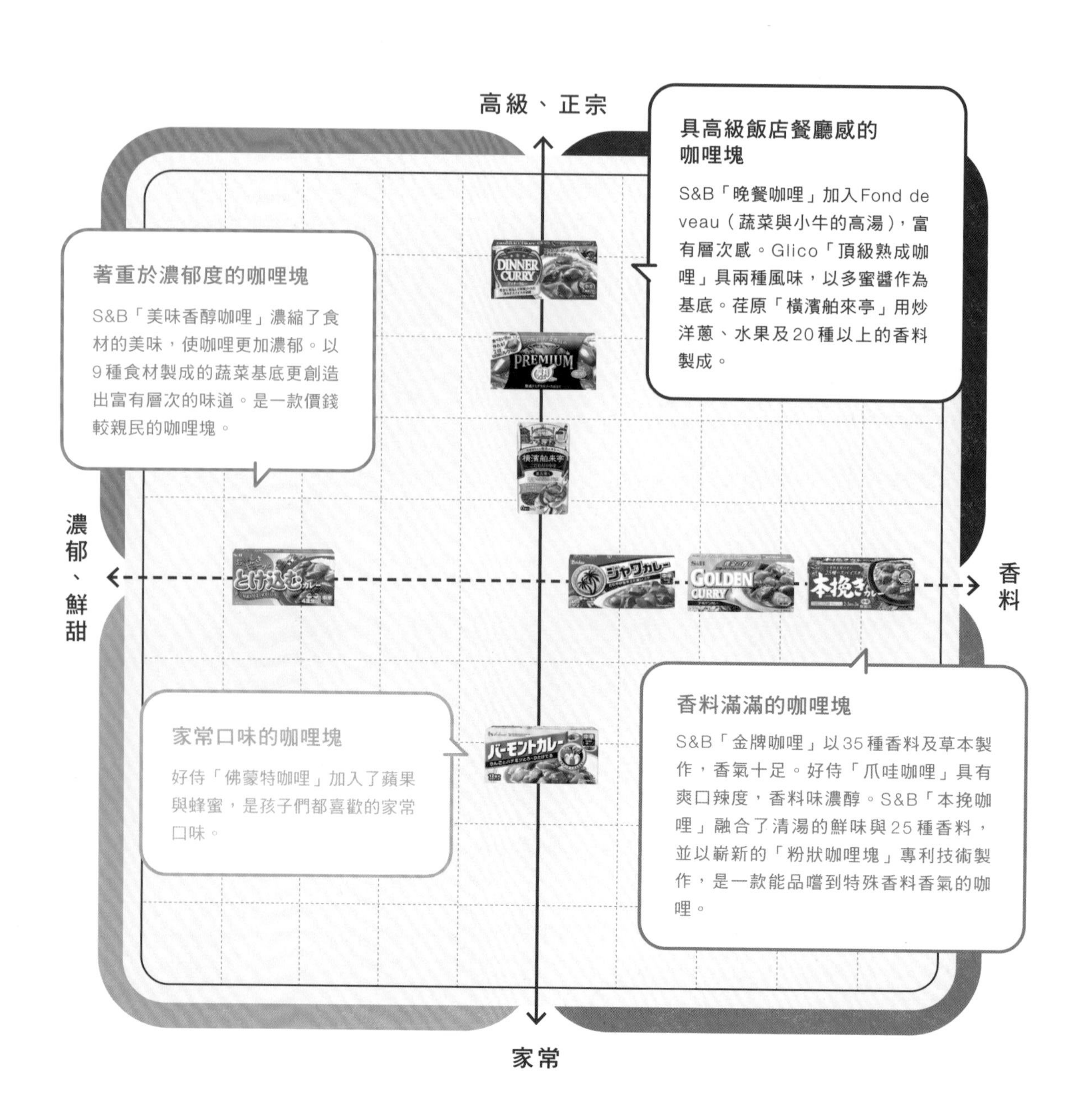

本書的使用說明

閱讀本書的食譜時，務必留意以下事項。本食譜為依照下列規則設計，仔細閱讀有助於料理。

1

書中所記載的食材皆為1人份。
料理時間亦為料理1人份食材「大約」所需時間。

※使用不同的鍋子（包括不同的材質、底面積、鍋底厚度等）、熱源（瓦斯爐或IH爐），以及火力等，所需的料理時間亦會有所不同。

製作2人份時，
請將所有食材增加為2倍。

※當食材增量，也需增加料理時間（加熱時間）。
※料理時間並非直接增加為2倍，而應增加為1.2～1.8倍左右。然而，實際料理時間仍應依照食材種類、使用鍋子及火力來調整。

食譜範例

食材（1人份） ※2人份則增加為2倍份量。

- 雞腿肉（炸雞等專用）⋯ 120g
- 洋蔥（切成2mm片狀）⋯ 中型½顆（100g）
- 軟管大蒜（蒜泥）⋯ 2cm（1g）
- 食用油 ⋯ 1茶匙
- 咖哩塊 ⋯ 1盤份
  ※使用的咖哩塊為〈S&B「晚餐咖哩」中辣〉。
- 水 ⋯ 120ml

每盤咖哩所需的咖哩塊量依品牌各有不同，料理前請先確認咖哩塊的包裝標示。

可使用任何品牌的咖哩塊！請依照自己的喜好挑選。

2

食譜中所標示的咖哩塊使用量，皆為料理「一盤」咖哩所需使用的份量。雖然參考份量約為20g，但依照廠商與品牌不同，使用量也會有所差異（請參考P7）。因此無論何種食譜，皆可自行換成喜愛的咖哩塊，但份量仍請參考咖哩塊的包裝標示。

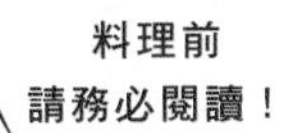

3

本書依據料理步驟記載食材。請先大致看過作法，再由上往下準備食材，製作過程將變得更加流暢。

4

本書所記載的微波時間，是以600W的微波爐為標準所訂。若使用的微波爐瓦數不同，所需的微波時間也不同。

※使用500W的微波爐時，微波時間約為600W的1.2倍；使用700W的微波爐時，則為600W的0.8倍。

5

Hint! **符號記載了料理的訣竅，以及使咖哩更加美味的祕訣。**

第 1 章

Basic Roux Curry

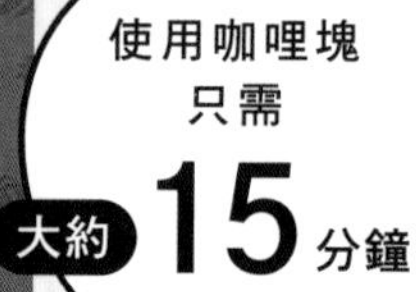

用咖哩塊省時做咖哩
微波咖哩 & 乾炒咖哩

任誰都能完成的超美味咖哩

用咖哩塊快速做咖哩的方法有兩種。其一是用微波爐製作，其二則是將食材與咖哩塊拌炒成乾炒咖哩。只要使用咖哩塊這個萬用香料，便能省去複雜的程序，輕鬆做出美味的咖哩。即使只做1人份，也能做出你平時最愛的咖哩飯。而且調理方式十分簡單，只需15分鐘就能做出一道味道正宗的咖哩。

同是雞腿咖哩，差別在哪？

微波咖哩　　乾炒咖哩

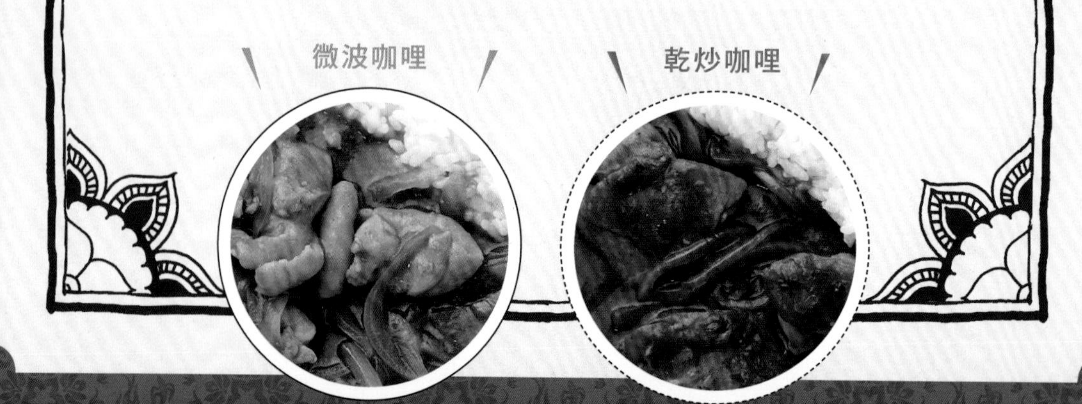

用雞腿肉咖哩介紹基本功

Chicken Curry

微波咖哩是 先煮再燉

乾炒咖哩是 先炒再燉

透過加熱這道手續，讓美味升級！多微波幾遍，帶出食材鮮味！

微波爐是最棒的省時料理工具，只需要將食材放入即可，非常輕鬆。將微波的過程分為數次，還能使美味瞬間升級。即使加熱的時間不長，仍可以透過分次加熱，完成微煮、溶解咖哩塊、燉煮等各步驟，與用鍋子煮咖哩的原理相同。如此一來，便能讓食材吸附咖哩醬。

食材的烤色將轉換為美味！炒出咖哩的層次！

想必各位很疑惑什麼是乾炒咖哩吧？其實正宗的印度香料咖哩便是藉由拌炒食材與香料製作而成。本書用咖哩塊中的辛香料取代香料，與正宗作法十分相近。當食材出現烤色、味道更具層次時，再加入事先以熱水溶解的咖哩塊。透過快速拌炒使咖哩塊的味道更融入食材，堪稱咖哩界的革命性做法。

基本功

按一下微波爐！

微波咖哩

只需將食材加入咖哩塊一同加熱，就能用微波爐完成美味的咖哩。為了讓簡單的製作過程更加流暢，請先確認料理容器與基本的製作流程吧！

所需的料理器具

耐熱容器

本食譜中所用的容器為耐熱玻璃碗900ml。

製作2人份的咖哩時，應準備容量1500ml左右的容器。

雖然1人份的咖哩與食材約為200～300g（ml），但由於要在容器中攪拌，應選擇大一點的容器。

微波爐

本書中的所有料理皆以600W（瓦特）微波。

微波爐無法設定600W時，可自行縮短或加長微波時間。

※使用500W的微波爐時，微波時間約為600W的1.2倍；使用700W的微波爐時，則為600W的0.8倍。

⚠「不可使用」塑膠製容器

加熱或烹調咖哩及燉菜類等油脂較豐富的食品時，若使用塑膠製容器，容易超過容器的耐熱溫度。而各大廠商亦呼籲塑膠容器只適合用來解凍咖哩等，請務必留意。

耐熱微波蓋

附蓋子的耐熱玻璃容器較方便使用。若無蓋子，請使用保鮮膜（PE膠膜）。

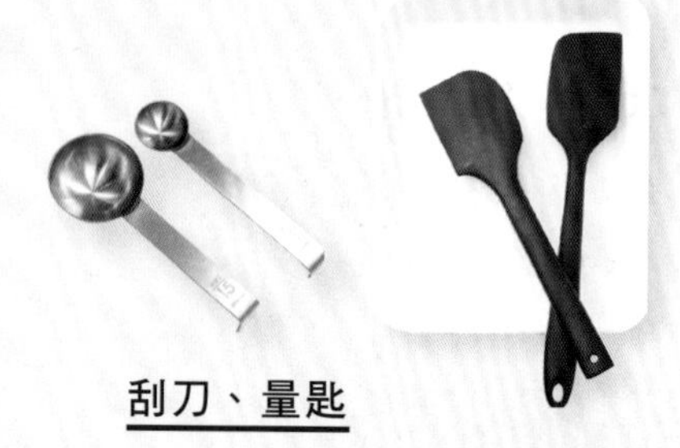

刮刀、量匙

分別用來攪拌耐熱容器中的食材，以及量測份量。

砧板、菜刀

備料時使用。

照片來源：德國雙人牌Zwilling

不斷充分「攪拌」再微波！
重複「攪拌」與微波的動作，才是造就美味的真諦！

備料

•先準備好食材，並做好事前處理。

※為使食材充分加熱，可先在肉上劃出切口等。
只要多一個步驟，就能使料理更加美味。

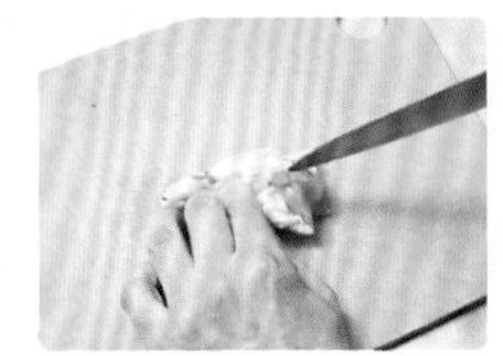
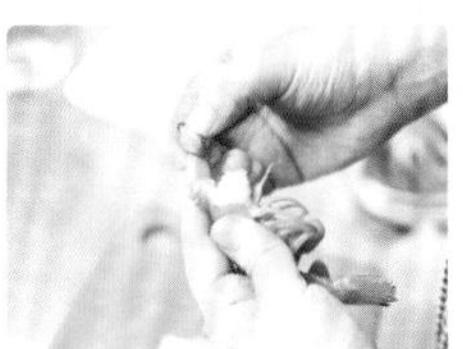

基本的製作流程

1 將食材放入耐熱容器

將食材放入耐熱容器後，「充分混合攪拌」。這是為了在微波時，能更均勻地加熱食材。

Hint! 微波前，將碗中的食材中央挖一個洞，會使熱的傳導較為平均（適用於食材水分較少時）。

Hint! 若耐熱容器的底部過寬，將使食材難以浸泡到水與咖哩醬。請盡量不要使用過大的容器。

2 蓋上保鮮膜，並留一個空隙，用微波爐加熱

所有使用到微波爐的食譜，其微波時間皆以「600W」為基準計算。若無法設定為600W，請自行調整微波時間。

※使用500W的微波爐時，微波時間約為600W的1.2倍；使用700W的微波爐時，則為600W的0.8倍。

覆蓋保鮮膜時，應稍微留一個空隙，請勿完全密封。若有耐熱微波蓋，便可重複使用，更加便利。

3 將食材從微波爐取出，並充分攪拌

微波後，請將咖哩塊與食材均勻混合。在微波前後都應充分攪拌混合。依不同的食譜，可能需重覆2～3的步驟。

Hint! 分兩次微波的原因在於要做出「煮」和「燉」的區別。「煮」的目的為煮熟食材；而「燉」的目的，則是要讓煮過的食材之間與調味料互相沾附並入味，讓整體味道變得更和諧。

※微波後容器也會變燙，請小心不要燙傷。

下一頁開始為實踐篇 ▶

實踐篇

Chicken Curry

雞腿肉微波咖哩

藉由兩次微波，
完成煮熟、燉煮，凝聚美味。
迅速做出家常雞肉咖哩。

食材（1人份）

※2人份則增加為2倍份量。

- 洋蔥（切成2mm片狀）…中型½顆（100g）
- 軟管大蒜（蒜泥）…2cm（1g）
- 雞腿肉（炸雞等專用）…120g
- 食用油…1茶匙
- 咖哩塊…1盤份
  ※使用的咖哩塊為〈S&B「晚餐咖哩」中辣〉。
- 水…120ml

備料

將洋蔥順著纖維方向，切成2mm片狀。

若不想吃雞皮，可事先剝掉。

作法

1 放入食材

在耐熱容器中放入洋蔥、蒜泥、雞腿肉、食用油、水。

2 攪拌後加入咖哩塊

均勻攪拌後，將咖哩塊放在上方（依據不同食譜，放入咖哩塊的時間點也不盡相同），並覆蓋保鮮膜，預留一個空隙。
※若有耐熱微波蓋，請蓋上微波蓋。

3 煮熟食材

微波 第一次 4分

用「600W」微波「4分鐘」。

4 攪拌均勻

將容器取出微波爐，均勻攪拌軟化的咖哩塊與食材。

5 燉煮

微波 第二次 3分

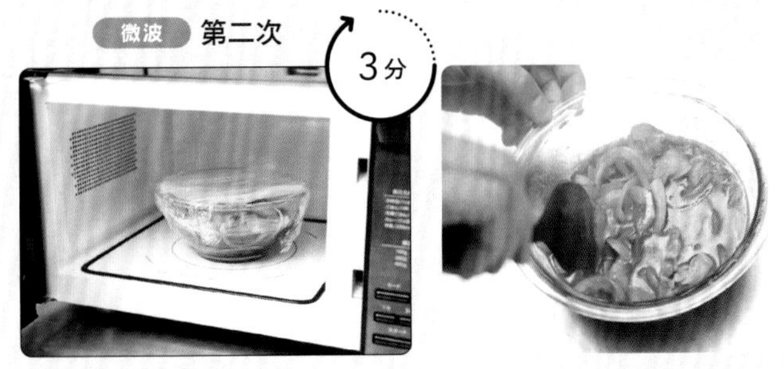

再次以「600W」微波「3分鐘」，取出後均勻攪拌，就大功告成了！

⚠ **微波後容器也會變燙，請小心以免燙傷。**

基本功

用炒的製作
乾炒咖哩

用熱水溶解咖哩塊，並拌炒食材後，將兩者混合，就能完成乾炒咖哩。
只需要使用平底鍋和耐熱量杯（用於溶解咖哩塊）便能製作，是相當方便的料理方式。接下來將介紹適合的料理工具，以及能加強效率的基本步驟。

所需的料理器具

平底鍋蓋

燉煮時，有時需要用到。

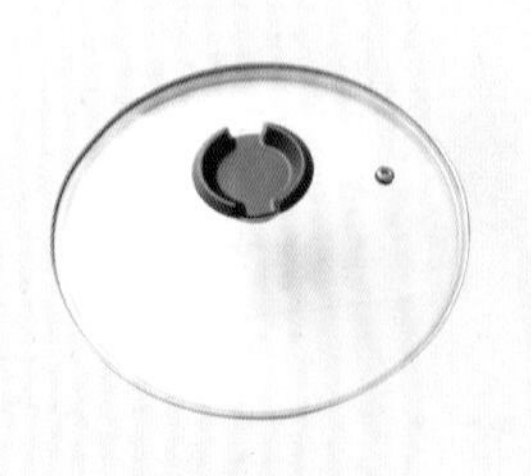

平底鍋

建議使用底部較厚的不沾鍋。

※「不沾鍋」經由鐵氟龍、鑽石或陶瓷塗層處理，料理時食物不容易焦掉，且可防止黏鍋。

製作1～2人份咖哩時，使用直徑在18～22cm之間（底面直徑15～18cm）的平底鍋為佳。

砧板、菜刀

備料時使用。

照片來源：德國雙人牌Zwilling

刮刀

耐熱矽膠刮刀或木製刮刀。

耐熱量杯（500ml左右）

附握把的量杯較便於使用。

量匙與廚房計時器

有廚房計時器能避免炒太久，非常方便。

備料

- 先準備好食材，並做好事前處理。
- 煮水溶解咖哩塊。

炒食材，加入溶解的咖哩塊燉煮！

基本的製作流程

1 先用熱水溶解咖哩塊

用耐熱量杯準備所需的熱水，然後再加上所需的咖哩塊。稍作靜置後，再攪拌溶解咖哩塊。

關於溶解咖哩塊所需的熱水量，請先參考使用的咖哩塊包裝標示，確認製作一盤咖哩所需的水量。一盤咖哩所需使用的咖哩塊用量，則依據品牌有所不同（請參考P7）。

2 依照食譜，用平底鍋拌炒食材

Hint!「拌炒」能使食材產生化學反應，帶出食材鮮味。

使用不沾鍋時，基本上不能以大火拌炒。開火前，請先加油，避免空燒。

中大火

火少許超出平底鍋的鍋底。

中火

火與平底鍋底部剛好貼合。

小火

火輕觸平底鍋的鍋底。

3 加入溶解後的咖哩塊

在炒過的食材中，加入用耐熱量杯徹底溶解的咖哩塊。將咖哩醬與食材均勻拌炒。

4 煮＆燉

依照食譜記載的火力與時間煮或燉。待沸騰後，轉為「小火」。煮的時間愈短，醬汁愈稀；煮的時間愈長，醬汁愈濃稠。

待咖哩滾後，轉為小火。

下一頁開始為實踐篇 ▶

實踐篇

Chicken Curry

雞腿肉乾炒咖哩

洋蔥與肉的烤色，是經拌炒下產生的美味成分。
只要加入溶解後的咖哩塊，煮幾分鐘後，
一道講究的咖哩就完成了。

食材（1人份）

※2人份則增加為2倍份量。

- 咖哩塊 … 1盤份
  ※使用的咖哩塊為〈S&B「晚餐咖哩」中辣〉。
- 熱湯 … 120ml

- 食用油 … 1茶匙
- 雞腿肉（炸雞等專用）… 120g
- 洋蔥（切成2mm片狀）… 中型½顆（100g）
- 軟管大蒜（蒜泥）… 2cm（1g）

備料

將洋蔥順著纖維方向，切成2mm片狀。

若不想吃雞皮，可事先剝掉。

作法

1　溶解咖哩塊

將咖哩塊放入耐熱量杯，倒入熱水。

Hint!　**倒入熱水後，咖哩塊仍有點硬。可稍作放置，等咖哩塊軟化後再攪拌溶解。**

2　炒肉

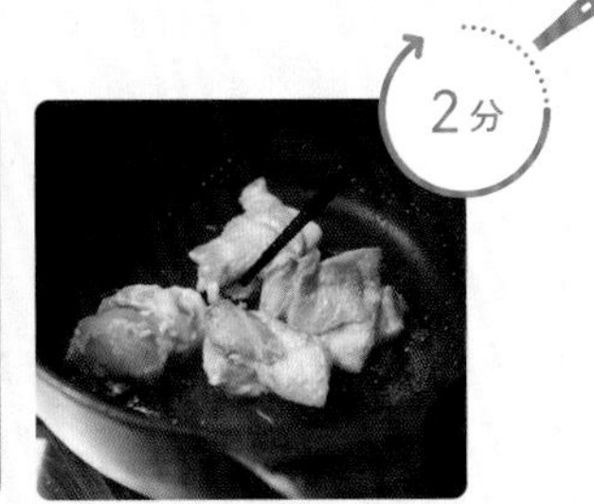

將食用油倒入平底鍋，雞皮面朝下，擺放好後開火。以中大火煎，期間不要任意移動雞腿肉。約煎2分鐘後翻面。

3　炒洋蔥

Hint!　**將洋蔥炒至上色，可帶出洋蔥的甜味。**

加入洋蔥及蒜泥，拌炒約2分鐘，直到洋蔥軟化上色。

4　加入溶解後的咖哩塊

加入以熱水溶解後的咖哩塊。

Hint!　**將咖哩塊加入鍋子前，先用筷子等工具充分攪拌，直至咖哩塊完全溶解。若咖哩塊尚未完全溶解，可再加些許熱水。**

5　燉煮

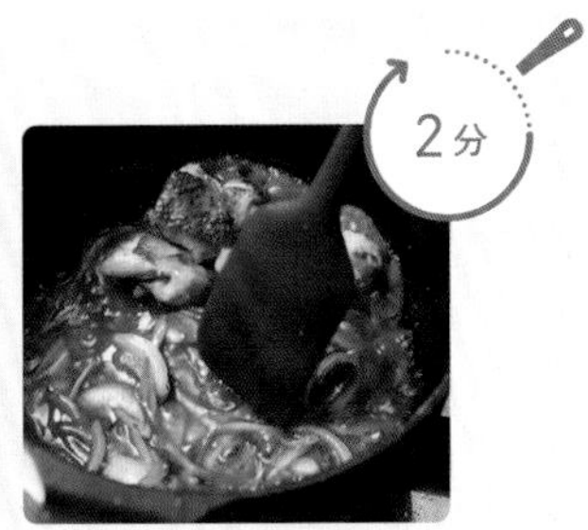

當咖哩開始滾，請轉為小火，並不時攪拌平底鍋的底部，燉煮2分鐘。若希望咖哩更為濃稠，可拉長燉煮時間。

微波爐可以
煮咖哩嗎？
咖哩塊不需
燉煮嗎？

第2章

Microwave Roux Curry

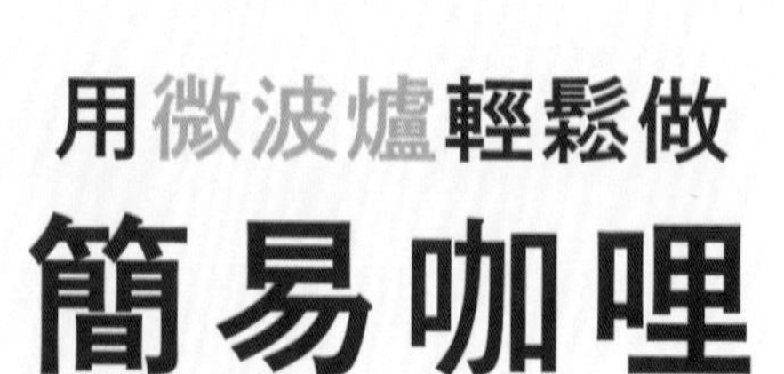

用微波爐輕鬆做 簡易咖哩

即便是料理初學者，也不會失敗

沒有鍋子，也能做咖哩嗎？沒錯！
只要有微波爐就能煮咖哩。無論是平時不常做菜，還是缺乏料理工具的人都能煮出美味咖哩。本章將介紹如何使用罐頭、料理包，或冰箱中常見的食材，輕鬆製作咖哩。只要善用罐頭、即時蔬菜等食材，連備料的程序都可省去。

P. 22　鯖魚罐頭咖哩

超輕鬆的 美味咖哩飯

P23　綜合豆子咖哩

P24　即食雞肉&雞蛋咖哩

P26　蔬菜滿滿牛肉咖哩

P28　泡菜豬肉咖哩

P30　萬用醋豬肉溫達盧咖哩

P32　奶油雞胸肉咖哩

▬▬▬ Seafood Curry

鯖魚罐頭咖哩

只要微波三次，
就能讓罐頭搖身一變，
成為美味無比的咖哩。

作法

1 將鯖魚罐頭和洋蔥、薑泥放入耐熱容器中攪拌，並將鯖魚弄碎至自己喜歡的大小。

2 加入水，並留一個空隙，輕輕蓋上保鮮膜（微波蓋）。以600W微波3分鐘。

3 加入咖哩塊溶解，然後再次蓋上保鮮膜（微波蓋），微波2分鐘。

4 加入梅子攪拌，蓋上保鮮膜（微波蓋），微波1分鐘。

1 攪拌食材

2 微波 第一次
煮
3分

3 微波 第二次
溶解咖哩塊
並加熱
2分

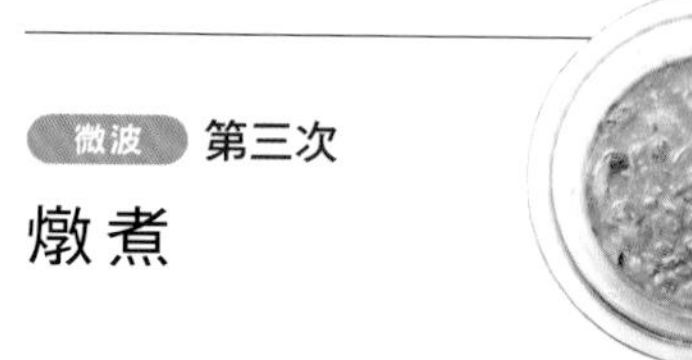

4 微波 第三次
燉煮
1分

食材（1人份）※2人份則增加為2倍份量。

- 鯖魚罐頭（水煮）⋯ 1罐（190g）
- 洋蔥（切成1～2mm片狀）⋯ 中型¼顆（50g）
- 軟管薑（薑泥）⋯ 4cm（2g）
- 水 ⋯ 150ml
- 咖哩塊 ⋯ 1盤份
  ※使用的咖哩塊為〈S&B「金牌咖哩」中辣〉。
- 梅子（去籽）⋯ 10g

使用的鯖魚罐頭

- 瑪魯哈日魯「水煮鯖魚」⋯ 190g

Vegetables Curry

綜合豆子咖哩

扁豆咖哩是一種經典的印度咖哩。只要用罐頭豆子，就能輕鬆做出正宗的印度咖哩。

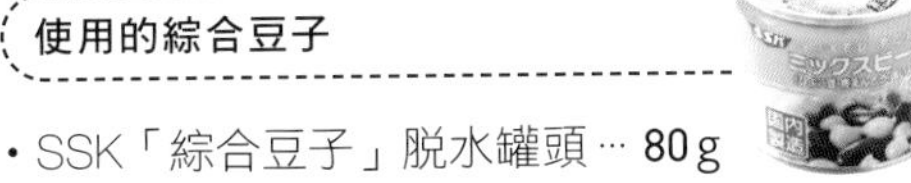

使用的綜合豆子

- SSK「綜合豆子」脫水罐頭…80g

食材（1人份）※2人份則增加為2倍份量。

- 綜合豆子…1罐（80g）
- 洋蔥（切成1cm丁狀）…中型¼顆（50g）
- 水…130ml
- 咖哩塊…1盤份

※使用的咖哩塊為〈好侍「佛蒙特咖哩」辣味〉。

作法

1. 將綜合豆子與洋蔥、水加入耐熱容器中，並留一個空隙，輕輕蓋上保鮮膜（微波蓋）。以600W微波5分鐘。
2. 加入咖哩塊溶解並拌勻，然後再次蓋上保鮮膜（微波蓋），加熱1分鐘。

1

微波 第一次

煮

5分

Hint!

若使用水煮綜合豆子，可將罐頭中的水一同加入微波。

2

溶解咖哩塊並燉煮

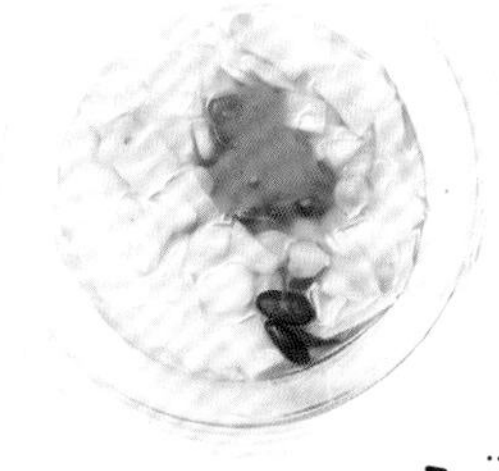

1分

微波 第二次

Chicken & Egg Curry

即食雞肉＆雞蛋咖哩

平凡無奇的即時雞肉搭配綿密的雞蛋，
嚐起來鮮嫩多汁，迸發出全新美味！

食材（1人份）※2人份則增加為2倍份量。

- 雞蛋…2顆
- 即時雞肉（切成6～7mm薄片）…60g
  ※1包有100g～120g時，使用一半即可。
- 洋蔥（切末）…中型½顆（100g）
- 大蒜（切末）…½瓣（5g）
- 薑（切末）…略多於½片（7g）
- 咖哩塊…1盤份
  ※使用的咖哩塊為〈好侍「爪哇咖哩」中辣〉。
- 水…120ml

作法

1 將水加入鍋中，淹過雞蛋，約煮15分鐘，製成水煮蛋。

2 將即時雞肉、洋蔥、蒜末、薑末及水加入耐熱容器並攪拌。

3 留一個空隙，輕輕蓋上保鮮膜（微波蓋）。以600W微波6分鐘。

4 加入咖哩塊溶解並拌勻，然後再次蓋上保鮮膜（微波蓋），加熱1分鐘。

5 將步驟【1】煮好的水煮蛋剝殼，並加入拌勻。

1 煮蛋

2 攪拌食材

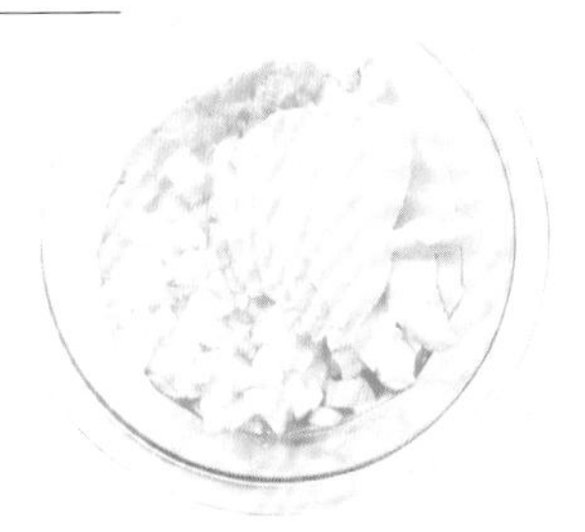

3 微波 第一次 加熱

6分

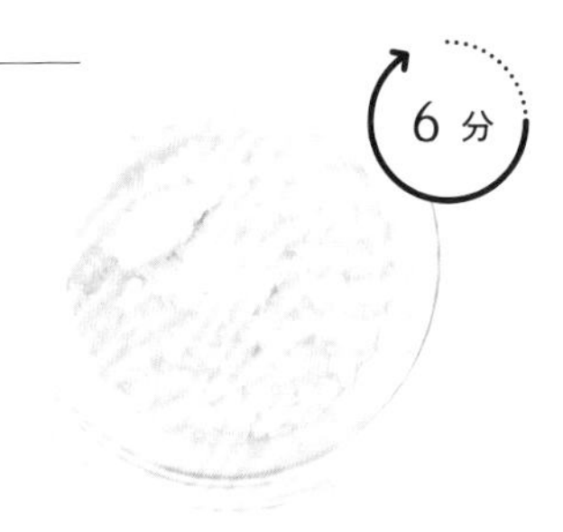

4 溶解咖哩塊並燉煮 微波 第二次

1分

5 攪拌均勻

Column

微波爐也能煮水煮蛋！

用鋁箔紙包好雞蛋並放入耐熱容器，加水淹過雞蛋。蓋上保鮮膜，並用600W微波15分鐘。容器溫度十分高，取出時請務必戴手套或用廚房抹布。
※兩顆雞蛋需煮15分鐘，一顆雞蛋約煮10分鐘。

15分

▲▲▲ Beef Curry

蔬菜滿滿 牛肉咖哩

蔬菜量十足，健康的經典牛肉咖哩。
加入紅酒，就是一道有模有樣的料理。

食材（1人份）※2人份則增加為2倍份量。

Ⓐ
- 洋蔥（切絲）… 中型⅙顆（30g）
- 馬鈴薯（切成1cm丁狀）… 30g
- 蘑菇（切片）… 2朵（20g）
- 胡蘿蔔（切成1cm丁狀）… 30g
- 軟管大蒜（蒜泥）… 5mm（0.25g）
- 軟管薑（薑泥）… 5mm（0.25g）
- 食用油 … 1茶匙
- 鹽 … ⅕茶匙（1g）

Ⓑ
- 牛肉（咖哩用牛肉）… 60g
- 紅酒 … 1大匙（15g）
  ※可使用其他料理用酒（如白酒及日本酒）。
- 番茄原汁 … 20g　※1大匙為18g。

- 咖哩塊 … 1盤份
  ※使用的咖哩塊為〈Glico「頂級熟成咖哩」〉。
- 水 … 80ml

作法

1. 在耐熱容器中加入食材Ⓐ，並均勻攪拌。
2. 留一個空隙，輕輕蓋上保鮮膜（微波蓋）。以600W微波3分鐘，稍微加熱蔬菜。
3. 加入食材Ⓑ均勻攪拌，再蓋上保鮮膜（微波蓋），微波3分鐘。
4. 加入咖哩塊及水並溶解，蓋上保鮮膜（微波蓋）微波1分30秒。

Hint! 將食材切小塊，較快煮熟。

1

將食材
攪拌均勻

2

3分

微波　第一次

煮蔬菜

3

把肉加熱

3分

微波　第二次

4

1分30秒

燉煮

微波　第三次

Hint! 先將咖哩塊徹底溶解，再放入微波爐。

▲▲▲ Pork Curry

泡菜豬肉咖哩

咖哩塊與豬肉的甘甜，搭配上泡菜，堪稱絕配。
是新一代的經典咖哩口味。

食材（1人份）※2人份則增加為2倍份量。

A
- 洋蔥（切末）… 中型⅙顆（30g）
- 軟管大蒜（蒜泥）… 5mm（0.25g）
- 軟管薑（薑泥）… 5mm（0.25g）
- 食用油 … 1茶匙
- 鹽 … ⅕茶匙（1g）

B
- 豬絞肉 … 80g
- 泡菜 … 50g
- 番茄原汁 … 30g　※1大匙為18g。
- 咖哩塊 … 1盤份
  ※使用的咖哩塊為〈Glico「頂級熟成咖哩」〉。
- 水 … 80ml

作法

1　在耐熱容器加入食材A，並均勻攪拌。

2　留一個空隙，輕輕蓋上保鮮膜（微波蓋）。以600W微波1分鐘。

3　加入食材B均勻攪拌，再蓋上保鮮膜（微波蓋），微波3分鐘。

4　加入咖哩塊及水，攪拌至咖哩塊半溶。接著蓋上保鮮膜（微波蓋），微波1分30秒。

1·2

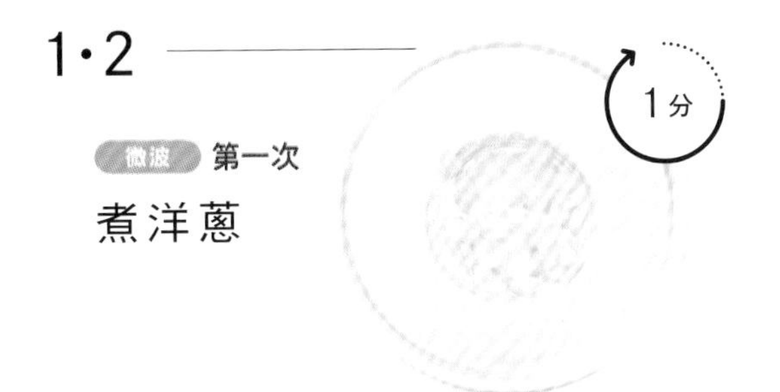

微波　第一次

煮洋蔥

3

微波　第二次

加熱

Hint!

攪拌時將絞肉稍微拌開。

在食材中間挖一個洞，像堤防一樣，可使食材平均受熱。

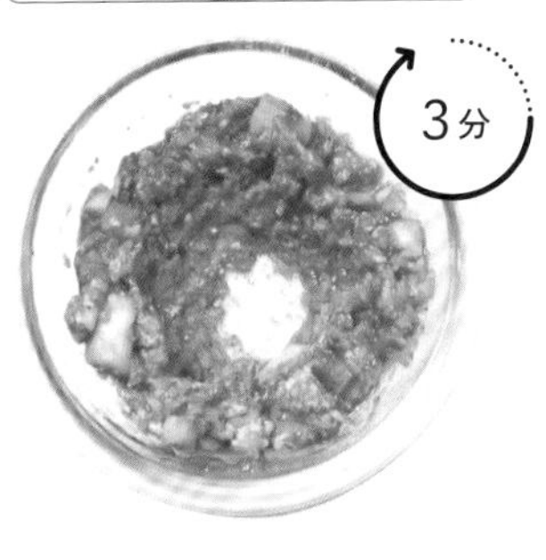

4

微波　第三次

使咖哩塊溶解，燉煮食材。

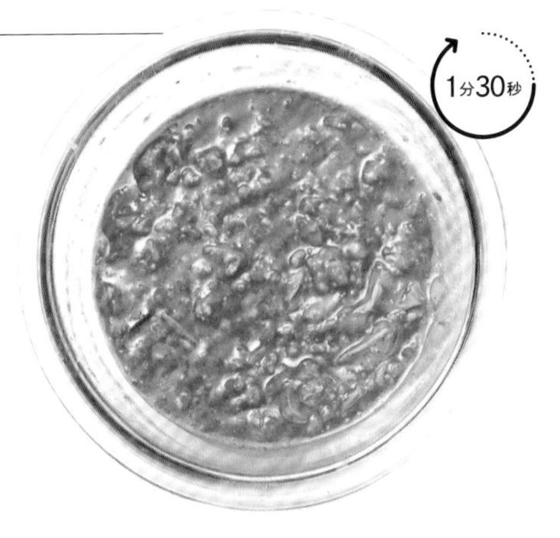

Pork Curry

萬用醋
豬肉溫達盧咖哩

溫達盧咖哩的特色在於其酸、辣的風味。
是一種發源自印度果阿的咖哩。
本食譜以萬用醋取代香料，引出酸味！

食材（1人份）※2人份則增加為2倍份量。

Ⓐ
- 洋蔥（切絲）⋯中型¼顆（50g）
- 軟管大蒜（蒜泥）⋯5mm（0.25g）
- 軟管薑（薑泥）⋯5mm（0.25g）
- 食用油⋯1茶匙
- 鹽⋯⅕茶匙（1g）

Ⓑ
- 豬肉薄片⋯80g
- 萬用醋⋯2大匙（30g）
- 番茄醬⋯近1茶匙（5g）
- 番茄原汁⋯20g ※1大匙為18g。
- 咖哩塊⋯1盤份
  ※使用的咖哩塊為〈S&B「金牌咖哩」中辣〉。
- 水⋯80ml

作法

1 在耐熱容器加入食材Ⓐ，並均勻攪拌。留一個空隙，輕輕蓋上保鮮膜（微波蓋）。以600W微波1分鐘，煮熟洋蔥。

2 加入食材Ⓑ均勻攪拌，再蓋上保鮮膜（微波蓋），微波3分鐘。

3 加入咖哩塊及水並攪拌溶解，蓋上保鮮膜（微波蓋），微波1分30秒。

1

1分

微波 第一次

煮洋蔥

2

3分

微波 第二次

加熱

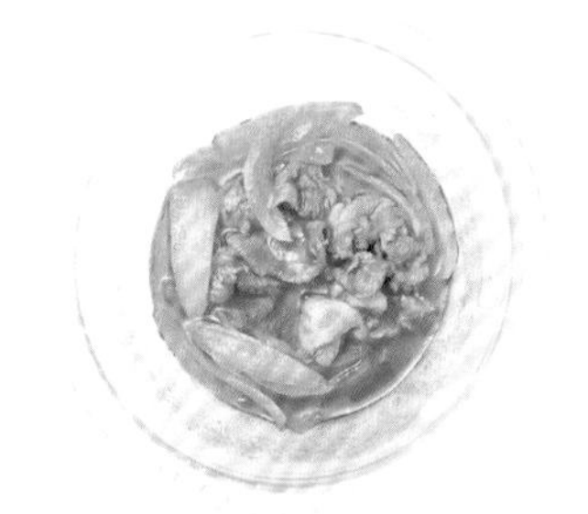

3

微波 第三次

溶解
咖哩塊並
燉煮食材

1分30秒

▲▲▲ Chicken Curry

奶油雞胸肉咖哩

大人、小孩都喜愛的奶油雞肉咖哩。
香甜又富有層次的絕妙口味。

食材（1人份）※2人份則增加為2倍份量。

A
- 雞胸肉（切成一口大小）… 80g
- 軟管大蒜（蒜泥）… 5mm（0.25g）
- 軟管薑（薑泥）… 5mm（0.25g）
- 番茄原汁 … 20g ※1大匙為18g。
- 洋蔥（切末）… 中型⅛顆（25g）
- 無鹽奶油 … 15g ※可使用人造奶油。
- 食用油 … 1茶匙
- 鹽 … ⅕茶匙（1g）

- 咖哩塊 … 15g
  ※使用的咖哩塊為〈好侍「爪哇咖哩」中辣〉。
- 水 … 65ml
- 生奶油 … 20ml

Hint!

咖哩塊用量以一盤為基準，從20g減量為15g克為佳。若再增加5g，咖哩的味道會蓋過奶油的風味。

作法

1 在耐熱容器加入食材Ⓐ，並均勻攪拌。

2 留一個空隙，輕輕蓋上保鮮膜（微波蓋）。以600W微波3分鐘。

3 加入咖哩塊及水並溶解，蓋上保鮮膜（微波蓋），微波2分鐘。

4 加入生奶油攪拌，蓋上保鮮膜（微波蓋），再微波1分鐘。

1

攪拌食材

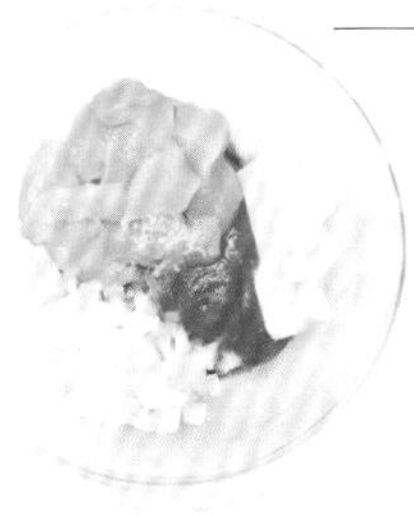

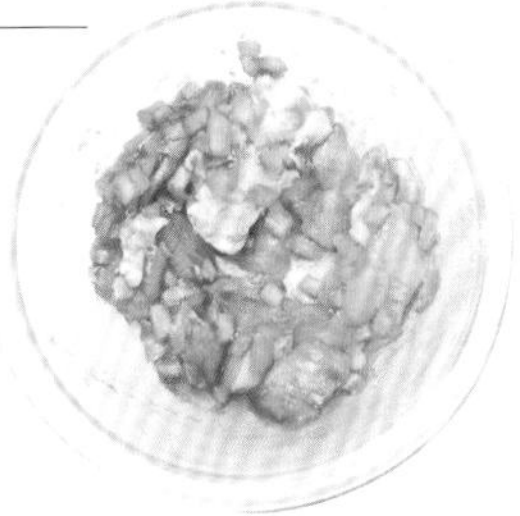

Hint!

祕訣為充分攪拌食材，奶油則無需攪拌。

2

微波 第一次

加熱

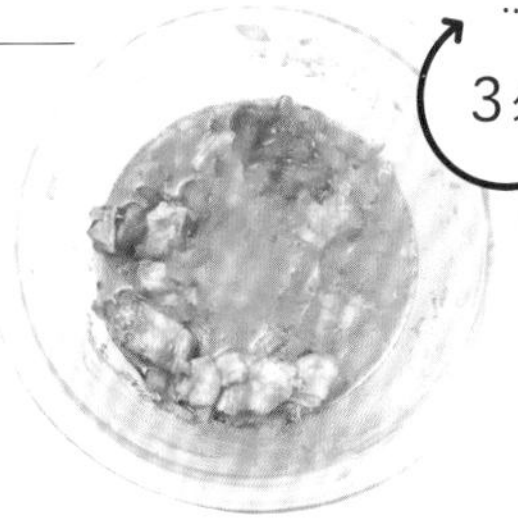

3分

3

溶解
咖哩塊並
加熱

微波 第二次

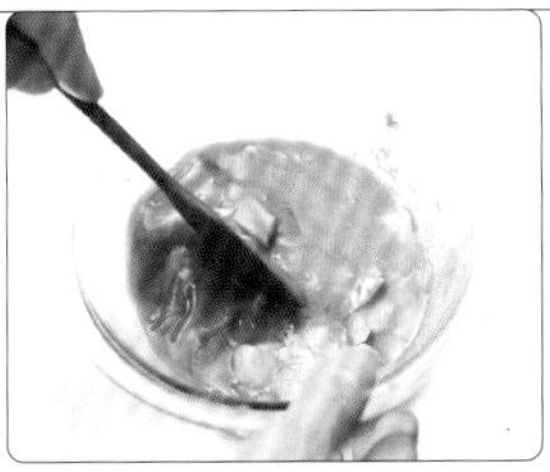

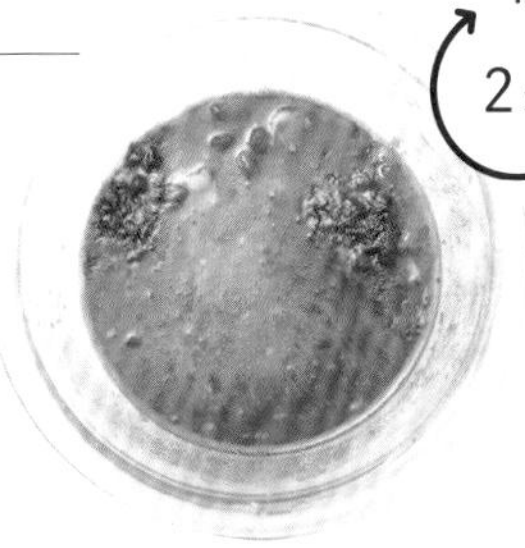

2分

Hint!

透過兩次微波，使未溶解完全的咖哩塊產生些許焦香，可增添風味。

4

加入
生奶油
燉煮

微波 第三次

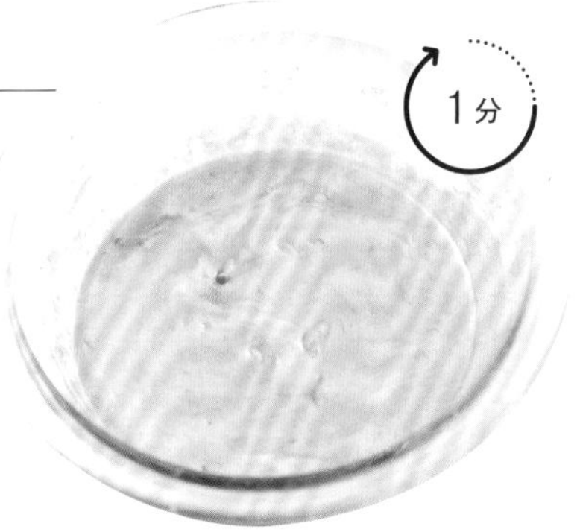

1分

第 3 章

Stir-fried Roux Curry

充滿食材的鮮甜味！
乾炒咖哩的奧妙

用平底鍋炒咖哩

「炒」是使食材更加美味的最強料理方式！
不僅能帶出肉與蔬菜的鮮甜、鎖住美味，還能炒出食材本身沒有的香味，使味道升級。只要讓食材與溶解的咖哩塊混合，一道東京番長獨創的乾炒咖哩就完成了！簡單到讓你不敢相信！歡迎來到乾炒咖哩豐富又美味的世界。

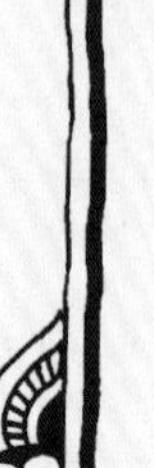

P36　經典款！豬肉咖哩

從經典咖哩
到奢華享受

P38 厚切培根與長蔥芝麻咖哩

P40 豬五花蘿蔔芥末籽醬咖哩

P42 豬絞肉薑泥味噌咖哩

P44 雞翅咖哩

P46 綜合絞肉與青椒茄子薑燒咖哩

P48 油豆腐絞肉羅勒炒咖哩

P50 綜合海鮮咖哩

P52 小扇貝奶油蘆筍炒咖哩

P54 山藥青蔥咖哩

P56 馬鈴薯白花椰乾咖哩

P58 蘑菇牛排歐風咖哩

P60 小羔羊紅酒咖哩

P62 鮮蝦番茄咖哩

▲▲▲ Pork Curry

經典！豬肉咖哩

將豬肉與洋蔥炒至上色，增添美味。
是一道色彩豐富的家常咖哩。

食材（1人份）※2人份則增加為2倍份量。

- 咖哩塊 … 1盤份
  ※使用的咖哩塊為〈S&B「晚餐咖哩」中辣〉。
- 熱水 … 150 ml

- 食用油 … 1茶匙
- 軟管大蒜（蒜泥）… 2 cm（1 g）
- 軟管薑（薑泥）… 2 cm（1 g）
- 豬肉（咖哩用）… 60 g
  ※請將豬肉切成自己喜愛的大小。
- 洋蔥（切成1 cm丁狀）… 中型¼顆（50 g）
- 胡蘿蔔（切成1 cm丁狀）… 20 g
- 馬鈴薯（切成1 cm丁狀）… 30 g　※使用五月皇后馬鈴薯。

作法

1 在耐熱容器加入咖哩塊，並加入熱水溶解。

2 將食用油倒入平底鍋，並將蒜泥、薑泥、豬肉、洋蔥、胡蘿蔔、馬鈴薯加入鍋中。以中火拌炒約3分鐘，直到洋蔥上色。

3 加入以熱水溶解的咖哩塊。

4 待煮滾後，轉為小火並蓋上鍋蓋，燉煮約8分鐘。請記得不時攪拌鍋底，以免燒焦。

1 溶解咖哩塊

2 炒 拌炒

3分

豬肉與洋蔥炒至上色後，會釋放出食材的鮮甜味。

3 加入溶解的咖哩塊

4 燉 燉煮

8分

為使馬鈴薯和胡蘿蔔軟化，請充分燉煮。

Bacon Curry

厚切培根與
長蔥芝麻咖哩

大塊食材讓人好滿足。
是一道讓人飽足感滿滿的大份量咖哩。

食材（1人份）※2人份則增加為2倍份量。

- 咖哩塊 … 1盤份
  ※使用的咖哩塊為〈S&B「金牌咖哩」中辣〉。
- 熱水 … 160ml
- 麻油 … 1茶匙　※可換成沙拉油。
- 厚切培根（切成1cm厚條狀）… 100g
- 長蔥（約2cm長）… ½根（50g）
- 焙煎芝麻（白）… 1大匙

作法

1　在耐熱量杯加入咖哩塊，並加入熱水溶解。

2　將麻油倒入平底鍋，以中火煎培根2分鐘後翻面。接著加入長蔥，拌炒2分鐘直到上色。

3　加入以熱水溶解的咖哩塊。

4　待煮滾後轉為小火，不時翻攪鍋底，燉煮約1分鐘。起鍋前，撒上焙煎芝麻。

※若希望咖哩更為濃稠，可拉長燉煮時間。

1

溶解
咖哩塊

2

炒
拌炒

3

加入
溶解的
咖哩塊

4

燉
燉煮

Pork Curry

豬五花蘿蔔
芥末籽醬咖哩

將經典燉菜變成咖哩。

芥末籽醬的辣味，為整道咖哩畫龍點睛。

食材（1人份）※2人份則增加為2倍份量。

- 咖哩塊…1盤份
  ※使用的咖哩塊為〈S&B「金牌咖哩」中辣〉。
- 芥末籽醬…1大匙
- 熱水…150ml

- 食用油…1茶匙
- 洋蔥（切末）…中型½顆（100g）
- 豬五花（切成好入口的大小）…80g
- 白蘿蔔（削皮，切成5mm厚的¼扇形）…80g（8片）

作法

1 在耐熱量杯加入咖哩塊與芥末籽醬，並加入熱水溶解。

2 將食用油倒入平底鍋，以中火翻炒洋蔥約2分鐘後，加入豬五花並炒熟。接著加入白蘿蔔炒至上色，並充分拌炒。

3 加入以熱水溶解的咖哩塊與芥末籽醬。

4 待煮滾後轉為小火，並不時攪拌鍋底，燉煮約3分鐘。

1
溶解
咖哩塊

2
炒
拌炒

Hint! 為使洋蔥上色，應先熱油後再加入洋蔥，並靜置約1分鐘。訣竅在於勿過度翻攪鍋底。

Hint! 將豬五花炒至粉紅部分消失。

3
加入溶解的
咖哩塊與
芥末籽醬

4
燉
燉煮

Hint! 若希望咖哩更為濃稠，可拉長燉煮時間。

▲▲▲ Minced meat Curry

豬絞肉
薑泥味噌
咖哩

(台灣乾拌麵風)

台灣乾拌麵風咖哩丼? 簡直是咖哩界的跨領域競賽!
可鋪上自己喜愛的配料,享受搭配食材的樂趣。

食材（1人份）※2人份則增加為2倍份量。

- 咖哩塊…1盤份
  ※使用的咖哩塊為〈S&B「美味香醇咖哩」中辣〉。
- 味噌（混合味噌）…1茶匙（6g）
- 醬油…1茶匙
- 砂糖…¼茶匙
- 辣椒粉…¼茶匙
- 熱水…100ml

- 辣油…1茶匙
  ※若無辣油可以麻油替換（沙拉油亦可）。
- 洋蔥（切末）…⅛顆（25g）
- 薑（切末）…略多於½片（7g）
- 豬絞肉…150g

〈配料〉
- 碎海苔（海苔絲）…適量
- 幼蔥（切小段）…適量（約3根）
- 蛋黃…1顆
- 柴魚粉…½茶匙

作法

1 在耐熱量杯加入咖哩塊、味噌、醬油、砂糖、辣椒粉，並加入熱水溶解。

2 將食用油倒入平底鍋，熱鍋後以中火炒洋蔥約1分鐘。然後加入薑末與豬絞肉，將肉炒散，並炒4分鐘直到肉全熟。

3 加入步驟【1】溶解的咖哩塊與調味料。

4 待煮滾後轉為小火，翻攪鍋底，並燉煮5分鐘，直到水分收乾。

〈盛盤〉

在碗公中盛飯，如「台灣乾拌麵」，在上頭鋪上咖哩和配料。

1

溶解咖哩塊與調味料

2

炒

拌炒

將絞肉的油脂由白炒至透明。當絞肉開始縮小出現空隙，便能開始翻炒。

3

加入溶解的咖哩塊與調味料

4

燉

燉煮

以橡膠刮刀拌炒收汁，直到不再出水。

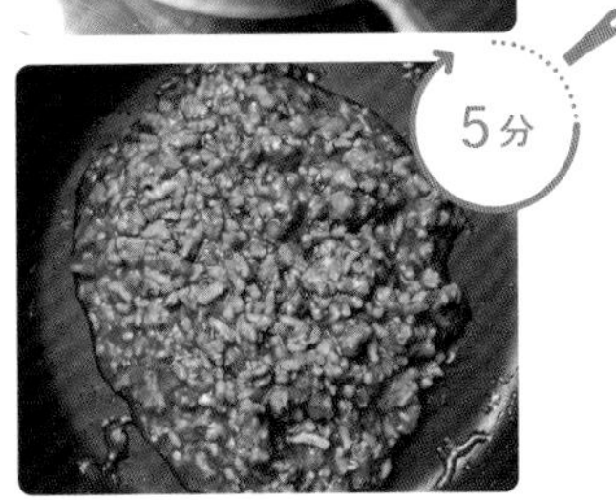

Chicken wings Curry

雞翅咖哩

能品嚐到雞皮香脆口感的簡單咖哩。
焦香味正是這道咖哩的亮點。

食材（1人份）※2人份則增加為2倍份量。

- 咖哩塊…1盤份
  ※使用的咖哩塊為〈S&B「金牌咖哩」中辣〉。
- 熱水…150ml

- 食用油…1茶匙
- 雞翅…3隻
- 洋蔥（5mm寬半月形）…中型½顆（100g）
- 軟管大蒜（蒜泥）…2cm（1g）
- 水…30ml（2大匙）※先將蒜泥加入水中攪勻。

作法

1 在耐熱量杯加入咖哩塊，並加入熱水溶解。

2 將食用油倒入平底鍋，並將雞皮面朝下，以中火煎約3分鐘，期間不要任意移動雞翅。然後加入洋蔥與加了蒜泥的水，靜置2分鐘使洋蔥上色。接著拌炒2分鐘，避免食材焦掉。

3 加入以熱水溶解的咖哩塊。

4 待煮滾後轉為小火，並翻攪鍋底，燉煮約1分鐘。

Column

雞翅的事前處理
美味的祕訣
就在於這道工序！

將雞翅關節處切開，沿著骨頭在肉上劃幾刀。

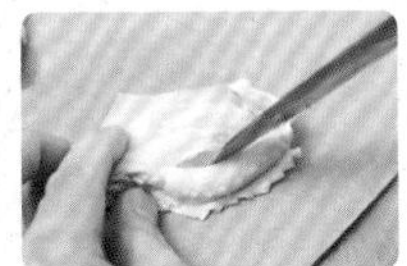

1

溶解
咖哩塊

2

炒

拌炒

4分

Hint!

請事先將蒜泥加入水中。這道手續能使雞翅更快上色，增添美味。

3

加入
溶解的
咖哩塊

4

燉

燉煮

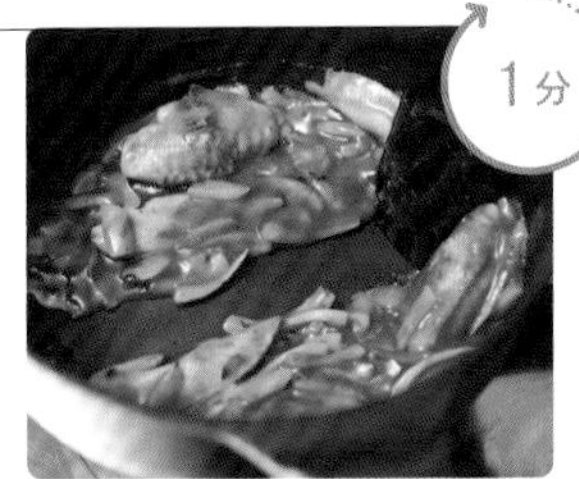

Hint!

用橡膠刮刀確認濃稠度，只要煮到能劃出分明「界線」的稠度即可。

Minced meat Curry

綜合絞肉與青椒茄子薑燒咖哩

濃郁絞肉與爽口蔬菜，
配上紅薑後，就是一道清爽咖哩。

食材（1人份）※2人份則增加為2倍份量。

- 咖哩塊 … 1盤份
  ※使用的咖哩塊為〈Glico「頂級熟成咖哩」中辣〉。
- 熱水 … 150ml

- 食用油 … 1大匙
- 綜合絞肉 … 100g
- 軟管薑（薑泥）… 20cm（10g）
- 青椒（縱切為1cm寬）… 1顆
- 茄子（縱切為1cm條狀）… 1小條
- 醬油 … 1茶匙（5ml）

- 紅薑 … 10g

作法

1 在耐熱量杯加入咖哩塊，並加入熱水溶解。

2 將食用油倒入平底鍋，並將綜合絞肉和薑泥加入鍋中，用中大火炒1分鐘。

3 當絞肉紅色未熟的部分剩兩成左右時，加入青椒、茄子，拌炒3分30秒。

4 當茄子白色的部分轉黃時，將醬油從鍋邊倒入。加熱約30秒，逼出醬油香氣。

5 加入以熱水溶解的咖哩塊，並不時翻攪鍋底。蓋上鍋蓋，轉為小火燉煮約3分鐘。

1 溶解咖哩塊

2・3 炒 拌炒

1分

4 逼出香氣

30秒

5 燉 燉煮

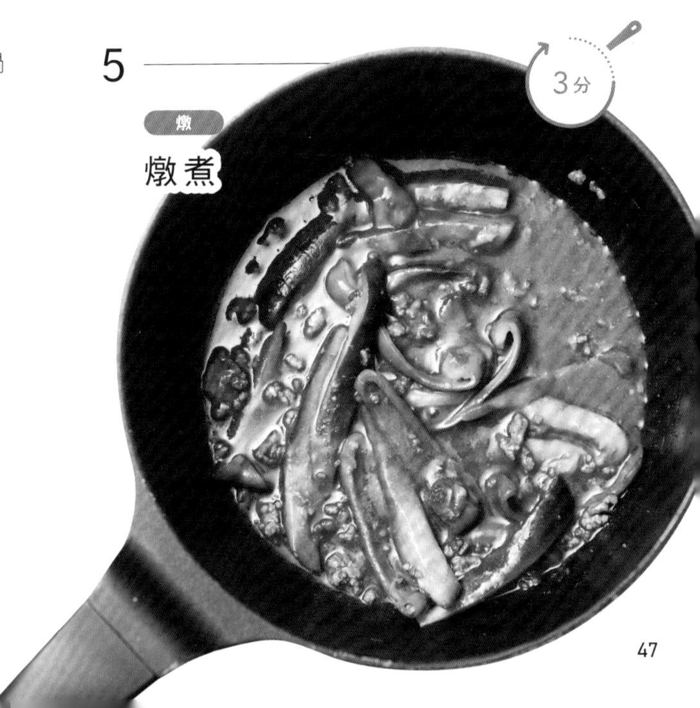

Minced meat Curry

油豆腐絞肉
羅勒炒咖哩

加入油豆腐增加份量感的乾咖哩。
羅勒的餘韻，使整道咖哩充滿清新感。

食材（1人份）※2人份則增加為2倍份量。

- 咖哩塊 … 1盤份
  ※使用的咖哩塊為〈好侍「爪哇咖哩」中辣〉。
- 熱湯 … 120ml

- 食用油 … 1大匙 ※分為兩次使用，每次半匙。
- 豆腐（縱切成一半，每塊厚度約為1cm）… 1小片

- 絞肉 … 100g
- 大蒜（切末）… 略多於½瓣（7g）
- 薑（切末）… 略多於½片（7g）
- 洋蔥（切丁）… 中型½顆（100g）
- 羅勒葉 … 20片

作法

1 在耐熱量杯加入咖哩塊，並加入熱水溶解。

2 將½大匙食用油倒入平底鍋，以中火煎油豆腐，兩面各煎1分鐘。待上色後取出備用。

3 將剩餘的½大匙食用油倒入平底鍋。待油溫升高，將絞肉加入，並以中火炒2分鐘。

4 當絞肉變色，加入蒜末、薑末與油拌炒，再加入洋蔥，炒3分鐘左右直到上色。

5 加入以熱水溶解的咖哩塊，接著加入炒過的油豆腐，拌炒約30秒。

6 轉為小火燉煮2分鐘，當咖哩變濃稠後關火。趁尚有餘熱時加入羅勒葉，並輕輕拌炒。

1 溶解咖哩塊

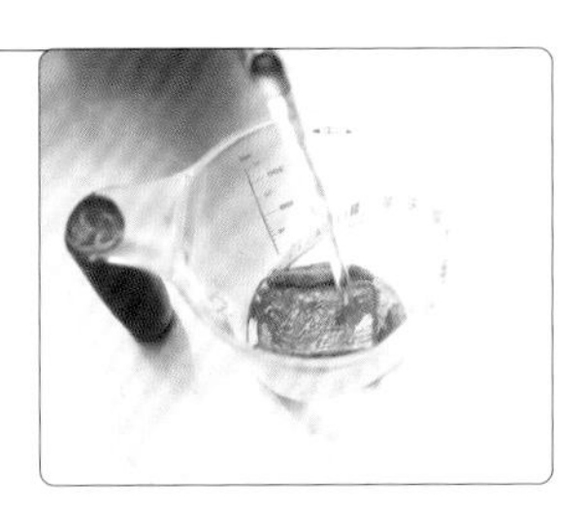

2 煎油豆腐

3·4 炒 拌炒肉與蔬菜

5 炒 加入溶解咖哩塊，與油豆腐一同拌炒

6 燉 燉煮後用餘熱攪拌羅勒

Seafood Curry

綜合海鮮咖哩

集結所有受歡迎的魚貝類。
一道令人食指大動、海味滿滿的咖哩。

食材（1人份）※2人份則增加為2倍份量。

- 咖哩塊…1盤份
  ※使用的咖哩塊為〈S&B「金牌咖哩」中辣〉。
- 熱水…150ml

- 食用油…1茶匙
- 洋蔥（切丁）…中型½顆（100g）
- 綜合海鮮（冷凍）…160g

- 巴西里（切末）…適量
- 橄欖油…½茶匙

作法

1 在耐熱量杯加入咖哩塊，並加入熱水溶解。

2 將食用油倒入平底鍋，加入洋蔥，以中火炒3分鐘左右，直到上色。

3 直接將未解凍的冷凍綜合海鮮加入，並翻炒2分鐘左右。

4 加入以熱水溶解的咖哩塊。

5 待煮滾後轉為小火煮1分鐘，加入巴西里並關火。最後拌入橄欖油。

1

溶解
咖哩塊

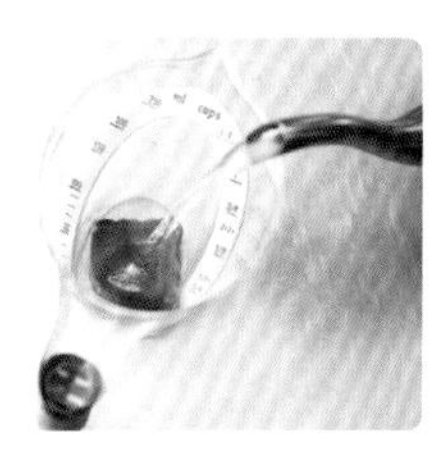

2·3

炒

拌炒

Hint!

由於接下來還需烹調冷凍綜合海鮮，洋蔥只需炒到脆口程度即可。

4

加入
溶解的
咖哩塊

5

燉

燉煮

▲▲▲ Seafood Curry

小扇貝
奶油蘆筍
炒咖哩

奶油與蒜味帶出小扇貝的鮮味。
再配上色澤亮麗的蘆筍，就完成一道高級感十足的咖哩了。

食材（1人份）※2人份則增加為2倍份量。

- 咖哩塊…1盤份
  ※使用的咖哩塊為〈好侍「爪哇咖哩」中辣〉。
- 熱水…150ml

- 奶油…10g
- 軟管大蒜（蒜泥）…2cm（1g）
- 洋蔥（切丁）…中型½顆（100g）
- 小扇貝（蒸過）…100g
- 蘆筍（將較嫩的部分斜切成4～5等分）…2根
- 白酒…1茶匙 ※可省略。

Hint! 可用削皮器削去蘆筍根部較硬的部分。

作法

1 在耐熱量杯加入咖哩塊，並加入熱水溶解。

2 在平底鍋加入奶油與蒜泥，並以小火拌炒至奶油融化。將洋蔥加入鍋中拌炒約3分鐘後，加入扇貝，直到稍微上色。

3 加入蘆筍，以中火炒1分鐘。接著加入白酒，並拌炒食材直到酒精蒸發。

4 加入以熱水溶解的咖哩塊。

5 待煮滾後，轉為小火燉煮約30秒。

1

溶解咖哩塊

2·3

炒

拌炒

Hint!

拌炒奶油與蒜泥，直到奶油完全融化後加入洋蔥。請維持小火，以免奶油焦化。

Hint!

請待白酒的酒精成分完全蒸發。

4

加入溶解的咖哩塊

5

燉

燉煮

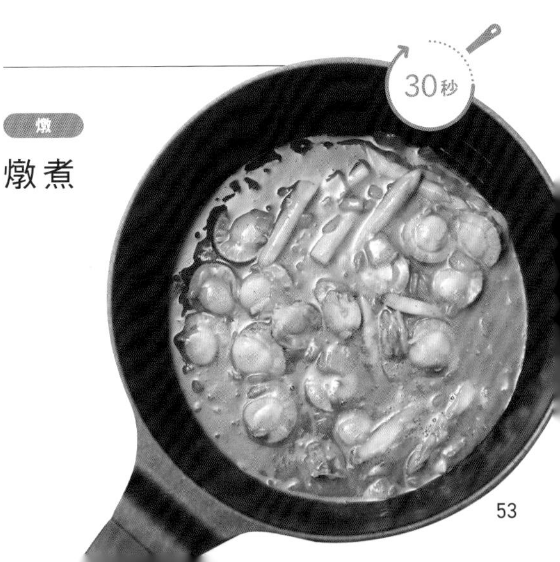

▲▲▲ Vegetables Curry

山藥青蔥咖哩

山藥黏滑卻清脆的口感，
搭配咖哩後，簡直令人上癮。

食材（1人份）※2人份則增加為2倍份量。

- 咖哩塊 … 1盤份
  ※使用的咖哩塊為〈好侍「爪哇咖哩」中辣〉。
- 熱水 … 100ml

- 食用油 … 2大匙
- 大蒜（切末）… 1瓣（10g）
- 薑（切末）… 1片（10g）
- 青蔥（切小段）… 1把
- 山藥（5～6cm條狀）… 230g

預留部分青蔥，作為點綴。

作法

1 在耐熱量杯加入咖哩塊，並加入熱水溶解。

2 將食用油倒入平底鍋，並將蒜末、薑末、青蔥加入鍋中。以小火拌炒約2分鐘，直到青蔥失去水分，開始微焦。

3 加入以熱水溶解的咖哩塊。

4 用較強的中火煮滾後，加入山藥。一面拌炒，一面晃動鍋子，使全部食材均勻混合。最後再轉小火炒1分鐘。

1

溶解咖哩塊

2

炒

拌炒

2分

3

加入溶解的咖哩塊

4

燉

拌炒、燉煮

1分

Vegetables Curry

馬鈴薯
白花椰乾咖哩

（Aloo Gobi風）

馬鈴薯與白花椰拌入咖哩，
是印度的經典家常菜。

食材（1人份）※2人份則增加為2倍份量。

- 咖哩塊…1盤份
  ※使用的咖哩塊為〈S&B「本挽咖哩」中辣〉½包。
- 熱水…80ml

- 食用油…1茶匙
- 洋蔥（切末）…中型½顆（100g）

Ⓐ〈加入蒜泥與薑泥的水〉
- 水…50ml
- 軟管大蒜（蒜泥）…2cm（1g）
- 軟管薑（薑泥）…2cm（1g）

- 馬鈴薯（切成2cm丁狀）…中型1顆（100g）
- 白花椰（切成小朵，較大朵的部分切半）…100g（¼株）
- 檸檬…⅛顆

作法

1 在耐熱量杯加入咖哩塊，並加入熱水溶解（需注意這裡要用少量熱水）。

2 將食用油倒入平底鍋，並將洋蔥以中火炒2分鐘直至上色。加入食材Ⓐ與馬鈴薯、白花椰，並不時翻炒避免焦掉，拌炒、燉煮約2分鐘。蓋上鍋蓋，以小火燜煮3～4分鐘，直到馬鈴薯熟透為止。

3 打開鍋蓋，加入以熱水溶解的咖哩塊，並轉為中火。

4 待煮滾後轉為小火。拌炒至水分收乾。
※食用前擠上檸檬。

Hint! 「Aloo」為馬鈴薯的印度語；「Gobi」則是白花椰。「Aloo Gobi」在印度是非常受歡迎的家常菜，也是一道經典的乾咖哩。

1

溶解
咖哩塊

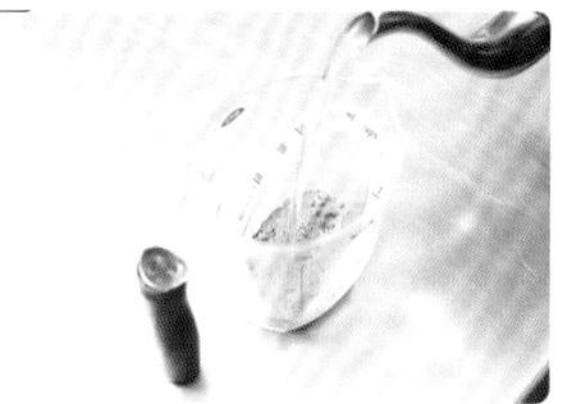

2

炒

拌炒、
燉煮

Hint! 為了讓洋蔥上色，請盡量不要移動平底鍋。靜置1分鐘後翻炒，然後再靜置1分鐘。

Hint! 若沒有鍋蓋，準備食材Ⓐ時請多加一點水。

3

加入
溶解的
咖哩塊

4

Hint! 讓水分充分蒸發。

燉

燉煮

Beef Curry

蘑菇牛排
歐風咖哩

可依據喜好調整牛排熟度。
是一道適合在特別的日子裡享用的咖哩。

食材（1人份）※2人份則增加為2倍份量。

- 咖哩塊 … 1盤份
  ※使用的咖哩塊為〈荏原「橫濱舶來亭」〉。
- 熱水 … 150 ml

- 奶油 … 10 g
- 牛排（厚度約1 cm的沙朗、肋眼、肩胛肉等）… 120 g
- 洋蔥（薄片）中型½顆（100 g）
- 蘑菇（去梗對切）… 3朵
- 紅酒 … 2大匙　※若無紅酒，可用水取代。

作法

1. 在耐熱量杯加入咖哩塊，並加入熱水溶解。
2. 以平底鍋融化奶油。以中火將牛排兩面各煎1分鐘後，取出備用。
3. 將洋蔥直接加入鍋子，再用中小火炒2分鐘，直到洋蔥上色並軟化。此時再加入蘑菇與紅酒，並炒至水分蒸發、食材布滿光澤。
4. 加入以熱水溶解的咖哩塊。
5. 待煮滾後轉為小火，加入切塊後的牛肉，並不時翻攪鍋底。燉煮約1分鐘後便完成了。

Hint! 若想讓咖哩更加濃稠，請在加入牛排前先煮久一點。加入牛排後，盡量不要煮過久（肉會變硬）。

1 溶解咖哩塊

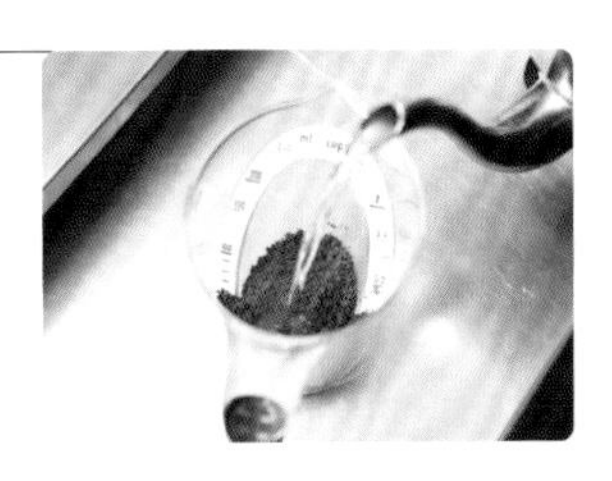

2・3

炒

拌炒

Hint! 牛排只要煎到兩面上色即可，肉的熟度可依個人喜好調整。

Hint! 炒至食材皆布滿光澤。

4 加入溶解的咖哩塊

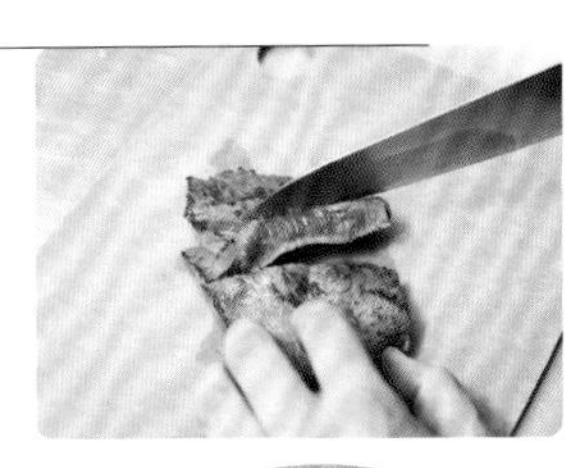

5

燉

燉煮

Lamb Curry

小羔羊
紅酒咖哩

只要在咖哩中加入黑糖與紅酒，
就能做出一道專賣店口味的小羔羊咖哩。

食材（1人份）※2人份則增加為2倍份量。

- 咖哩塊…1盤份
  ※使用的咖哩塊為〈Glico「頂級熟成咖哩」中辣〉。
- 熱水…150ml
- 食用油…1茶匙
- 小羔羊肉（肩胛肉等厚切肉）…150g
- 洋蔥（5mm寬半月形）…中型¼顆（50g）
- 紅酒…60ml
- 黑糖…½大匙

作法

1　在耐熱量杯加入咖哩塊，並加入熱水溶解。

2　將食用油布滿平底鍋並加溫。以中火將小羔羊肉兩面各煎1分鐘後，先取出備用。

3　將洋蔥直接加入鍋子，再炒1分鐘，直到洋蔥上色並軟化。此時再加入紅酒與黑糖，以中大火燉煮約2分鐘，直到沸騰，小心不要燒焦。待酒精蒸發後轉為小火，並將洋蔥拌炒、燉煮至微融狀態。

4　加入以熱水溶解的咖哩塊。

5　沸騰後轉為小火，加入切成小塊的肉。不時翻炒，使食材混合均勻，燉煮約2分鐘。

1

溶解
咖哩塊

2・3

炒

拌炒

紅酒與黑糖能帶來酸味與甜味，但請務必充分蒸發酒精。

4

加入
溶解的
咖哩塊

5

燉煮

若希望咖哩更為濃稠，可拉長燉煮時間。

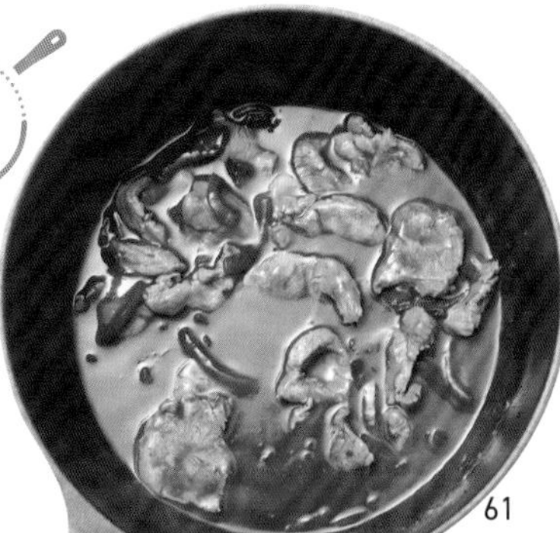

Seafood Curry

鮮蝦番茄咖哩

將蝦頭煎到酥脆，並用來熬煮高湯，
便能做出高級又講究的味道。

食材（1人份）※2人份則增加為2倍份量。

- 水…200ml
- 咖哩塊…½盤份
  ※使用的咖哩塊為〈好侍「爪哇咖哩」辣味〉。

- 帶頭蝦子…4隻
- 食用油…1大匙
- 洋蔥…中型¼顆（50g）
- 大蒜（切末）…½瓣（5g）
- 薑（切末）…½片（5g）
- 小番茄（對半切）…5顆
- 青椒（切成1cm丁狀）…半顆

作法 ※使用2個平底鍋。

1 在耐熱量杯加入咖哩塊，並加入熱水溶解。

2 將蝦頭放入平底鍋，煎至酥脆後加入步驟【1】所溶解的咖哩塊，並以小火燉煮約4分鐘。

3 用另一個平底鍋加熱食用油，並放入洋蔥、蒜末、薑末，以中大火炒3分30秒，直到食材上色。

4 將小番茄剖面朝下拌炒。

5 加入蝦子，並煎1分30秒，直到蝦子變白。

6 加入步驟【2】的醬汁後充分攪拌，煮2分鐘。

7 加入青椒，煮1分鐘。

Column

帶頭蝦子的事前處理

先取下蝦頭，並剝殼、去腸泥。只需慢慢輕拉，便可挑掉腸泥。接著輕輕在蝦子上撒胡椒鹽。

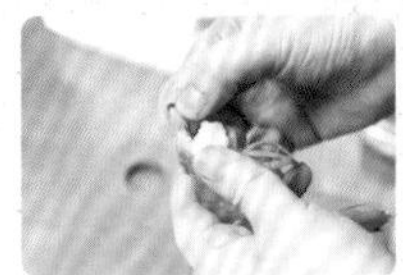

1

溶解
咖哩塊

2

用蝦子與
溶解的
咖哩塊
製作高湯

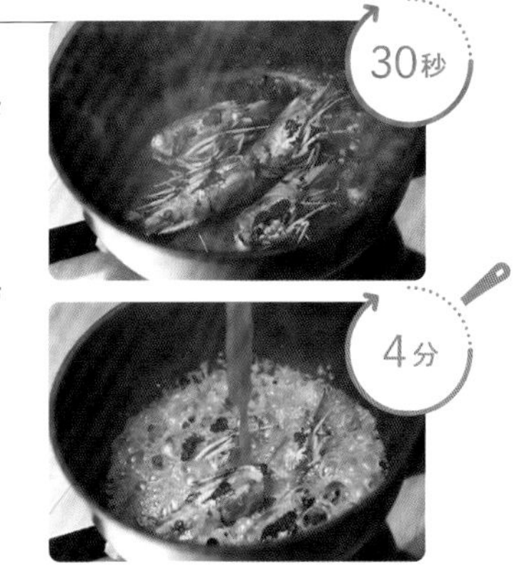

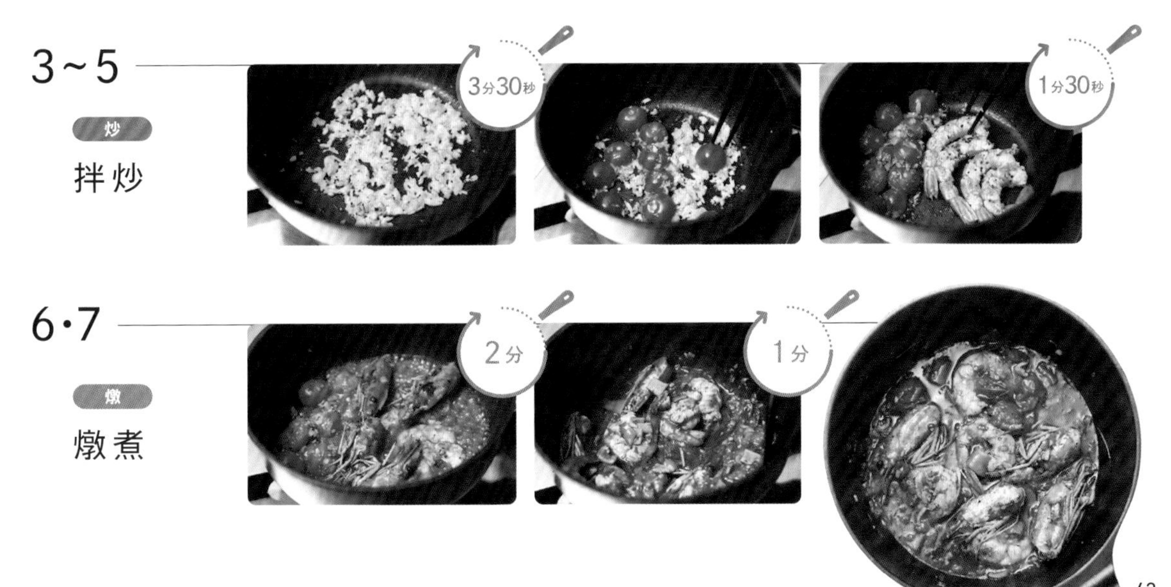

\ 一個人住 /

小資食譜

利用冰箱中的常備食材，製作美味的獨享咖哩。
用咖哩塊，讓一成不變的省錢食材大變身吧！

納豆泡菜咖哩

食材（1人份）※2人份則增加為2倍份量。

- 咖哩塊…1盤份
  ※使用的咖哩塊為〈S&B「金牌咖哩」中辣〉。
- 熱水…120ml
- 麻油…2茶匙
- 軟管大蒜（蒜泥）…2cm（1g）
- 碎豬肉…35g
  ※可使用香腸代替，斜切成5mm大小。
- 白菜泡菜（切成一口大小）…70g
- 納豆…1盒

作法

1. 在耐熱量杯加入咖哩塊，並加入熱水溶解。
2. 將麻油倒入平底鍋，並將蒜泥、豬肉和泡菜拌炒約30秒。
3. 加入以熱水溶解的咖哩塊。
4. 待煮滾後轉為小火，並加入納豆，翻攪鍋底，燉煮約1分鐘。

納豆×泡菜×咖哩
讓人欲罷不能的濃郁口感！

豆腐絞肉乾咖哩

作法

❶—在耐熱量杯加入咖哩塊，並加入熱水溶解。

❷—將½大匙食用油倒入平底鍋中後開中火，將木綿豆腐撕成碎塊並加入鍋中。炒約2分30秒，直到豆腐變成顆粒狀後取出。
※炒至水分蒸發。

❸—將剩餘的½大匙食用油倒入平底鍋加熱，然後加入蒜末、薑末、洋蔥，炒約3分鐘直到洋蔥上色。

❹—加入以熱水溶解的咖哩塊。

❺—待煮滾後，加入炒過的木綿豆腐稍微煮一下。待咖哩變濃稠，輕輕攪拌後關火。

吸飽咖哩的豆腐，就像「肉」一樣！

食材（1人份）※2人份則增加為2倍份量。

- 咖哩塊…1盤份
  ※使用的咖哩塊為〈Glico「頂級熟成咖哩」〉。
- 熱水…120ml
- 食用油…1大匙 ※分為兩次使用，每次半匙。
- 木綿豆腐（先將水瀝乾）…½塊
- 大蒜（切末）…略多於½瓣（7g）
- 薑（切末）…略多於½片（7g）
- 洋蔥（切丁）…中型½顆（100g）

低卡又健康的豆腐，也能做出令人超滿足的咖哩！

用牽絲的起司，
打造出餐廳口味的咖哩！

鮪魚罐頭高麗菜
起司滿滿燉飯風咖哩

食材（1人份）※2人份則增加為2倍份量。

- 咖哩塊…1盤份
  ※使用的咖哩塊為〈荏原「橫濱舶來亭」〉。

- 熱水…100ml

- 鮪魚罐頭（油漬）…1罐
- 洋蔥（切末）…中型¼顆（50g）
- 高麗菜（切成碎片）…2～3片（100g）
- 白飯…180g ※先放涼。
- 起司粉…3～4大匙（18～20g）
- 巴西里…適量

作法

❶ — 在耐熱量杯加入咖哩塊，並加入熱水溶解。

❷ — 將鮪魚罐頭整罐（連同油）倒入平底鍋，並將洋蔥與高麗菜加入鍋中。以中小火拌炒約3分鐘，直到高麗菜變軟後，加入白飯拌勻。

❸ — 加入以熱水溶解的咖哩塊。

❹ — 轉中小火。為避免燒焦，一面攪拌，一面燉煮3分鐘。

❺ — 加入起司粉後，關火並開始攪拌。直到起司變得濃稠牽絲。攪拌時應注意力道，以免米粒過爛。

❻ — 盛盤並撒上巴西里。

將白飯倒入鍋中！

Hint! 先將白飯鋪滿平底鍋後，再攪拌、來回翻炒，能更有效率。

Hint!

若使用的是水漬鮪魚罐頭，請加1茶匙食用油。

沒想到用咖哩塊
也能做出
印度香飯！

第4章

Professional Roux Curry

稍加巧思做出
專賣店口味

萬能調味料——咖哩塊的實力

香料一直是咖哩料理中的主角，本章將介紹如何用咖哩塊來完成各式咖哩。舉凡大受歡迎的湯咖哩，到印度香飯、咖哩麵包，通通能靠咖哩塊做出道地風味。無論哪一道，都只需花短短15分鐘！希望大家都能試試這些專賣店口味，煮出更多元的咖哩料理！

P70　經典湯咖哩

從和風、印度風，到湯咖哩

P72　培根白菜
牛奶咖哩濃湯

P74　和風咖哩烏龍麵

P76　雞肉印度香飯

P78　簡易咖哩麵包

P80　雞絞肉豌豆乾咖哩

P82　黑芝麻絞肉熱壓三明治

▲▲▲ Soup Curry

經典湯咖哩

加入焦香巴西里，
讓味道更道地！
滿滿的料，
令人賞心悅目。

食材（1人份）

※2人份則增加為2倍份量。

- 水…2大匙（30ml）
- 洋蔥（5mm寬半月形）…中型¼顆（50g）
- 雞翅…1隻（50g）
- 馬鈴薯…⅓小顆（削皮後約40g）
- 胡蘿蔔…⅕小根（削皮後約30g）

- 咖哩塊…1盤份
  ※使用的咖哩塊為〈S&B「本挽咖哩」〉½包。
- 雞粉…½茶匙
  ※若使用雞湯塊，請用½顆。
- 熱水…350ml

- 食用油…1.5茶匙
- 青椒（去掉蒂頭與籽）…½顆
- 茄子（縱切）…¼根（約20g）
  ※在表皮劃5～6刀。
- 乾燥巴西里…½茶匙
  ※可省略，但加入後風味更佳。
- 水煮蛋…½顆
  ※水煮蛋的作法請參考P25。

Column

雞翅的事前處理

在內側骨頭處劃幾刀。如此一來，不僅容易熟，肉也較好取下。

作法

1　在耐熱容器中加入水、洋蔥、雞翅、馬鈴薯、胡蘿蔔，留一個空隙，輕輕蓋上保鮮膜（微波蓋）。以600W微波5分鐘。

2　取出馬鈴薯及胡蘿蔔後，再將咖哩塊、雞粉、熱水（350ml）加入耐熱容器中，再次蓋上保鮮膜（微波蓋），微波4分鐘。

3　將食用油倒入平底鍋，以中火熱1分鐘後，依序煎青椒、茄子，取出備用。接著關火，用餘溫乾炒乾燥巴西里。

4　自微波爐中取出步驟【2】的食材，充分攪拌混合後，加入完成步驟【3】的平底鍋中。稍稍煮滾後轉為小火，並加入事先取出的馬鈴薯與胡蘿蔔，燉煮約2分鐘。盛盤時，再鋪上煎過的青椒、茄子與水煮蛋。

備料

事先做好水煮蛋。

※水煮蛋的作法請參考P25。

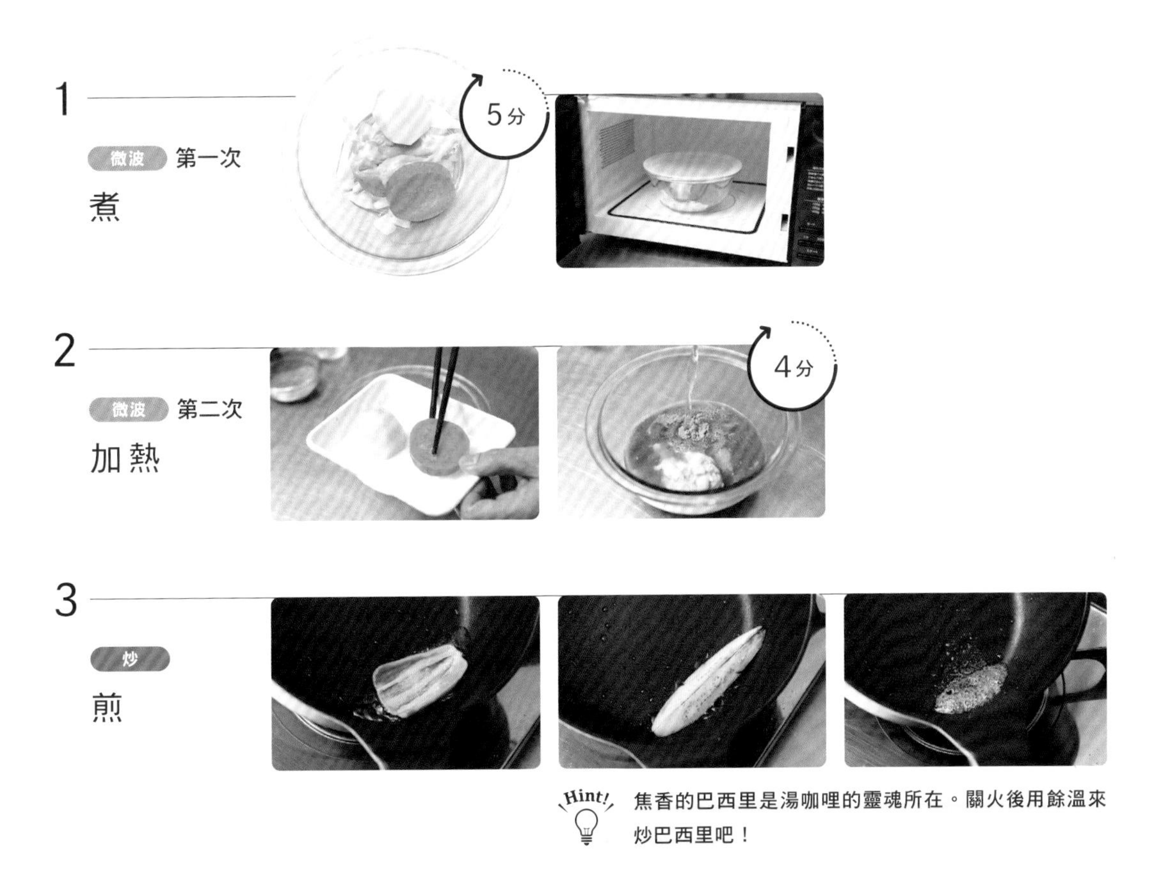

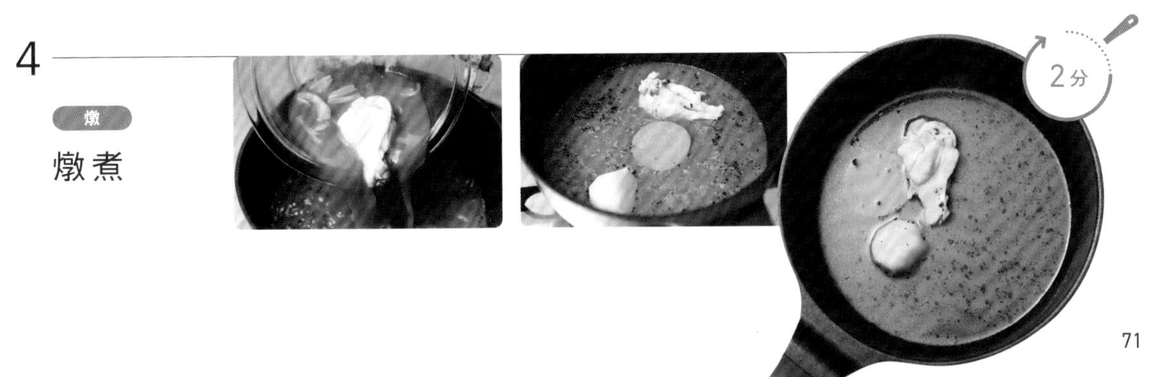

Curry Soup

培根白菜牛奶咖哩濃湯

能帶出咖哩與肉汁的鮮甜，
與法棍簡直是絕配！

食材（1人份）※2人份則增加為2倍份量。

- 咖哩塊 … ½盤份
  ※使用的咖哩塊為〈S&B「晚餐咖哩」中辣〉。
- 雞粉 … 1茶匙
- 熱水 … 50ml

- 奶油 … 8g
- 薄片培根（切成約1cm厚）… 50g
  ※厚切亦可。
- 白菜（切成一口大小）… 150g
- 生奶油 … 150g　※可換成牛奶。
- 黑胡椒（粗粒）… 1撮（0.2g）

作法

1　在耐熱量杯中加入咖哩塊與雞粉，並加入熱水溶解。

2　在平底鍋加入奶油，並使奶油融化。然後加入培根拌炒1分30秒。

3　加入白菜並拌炒約2分鐘。待白菜變軟，再加入生奶油與溶解的雞粉與咖哩塊攪拌，並以小火煮約2分鐘。

4　蓋上鍋蓋燉煮。為避免燒焦，應不時翻攪鍋底。待白菜心煮到變軟後，即可撒上黑胡椒調味。

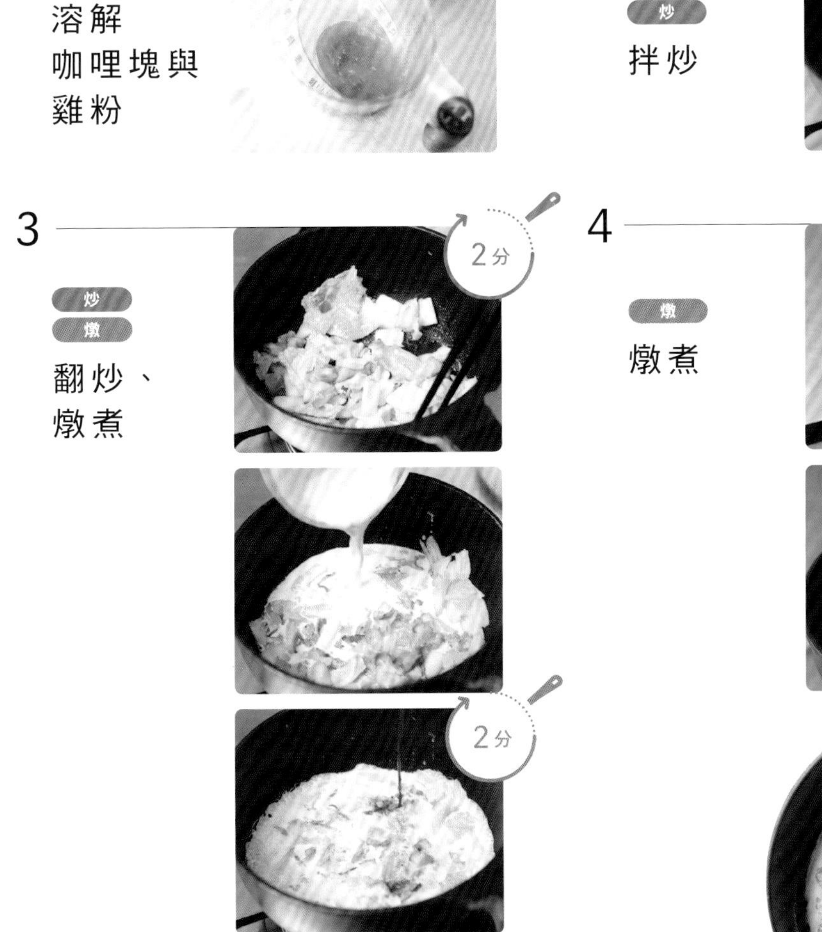

2

炒

拌炒

4

燉

燉煮

▲▲▲ Curry Noodle

和風咖哩烏龍麵

調和咖哩塊與鰹魚醬油。

不需等到有吃剩的咖哩再煮，只要有咖哩塊就能輕鬆搞定！

食材（1人份）※2人份則增加為2倍份量。

A
- 碎豬肉 … 80g
- 洋蔥（切絲）… 50g
- 軟管薑（薑泥）… 1.5cm（0.75g）
- 砂糖 … 5g
- 鰹魚醬油 … 20g
- 醬油 … 5g

- 咖哩塊 … 25g
  ※使用的咖哩塊為〈好侍「爪哇咖哩」中辣〉。
- 水 … 150ml
- 冷凍烏龍麵 … 1球

〈配料〉
- 長蔥（細蔥花）… 15g

作法

1 在耐熱容器加入食材A，並均勻攪拌。

2 留一個空隙，輕輕蓋上保鮮膜（微波蓋）。以600W微波3分30秒。

3 加入咖哩塊和水攪拌，再蓋上保鮮膜（微波蓋），微波1分30秒。

4 均勻混合後，加入煮過的烏龍麵，鋪上蔥花。

1 攪拌食材

2 微波 第一次 燉煮 3分30秒

3 微波 第二次 加入咖哩塊燉煮 1分30秒

4 攪拌均勻

▲▲▲ Chicken Biryani

雞肉印度香飯

無需使用特別的香料。
只要有日本米，
就能做出一道好吃的印度香飯。

作法

1 在耐熱容器加入食材Ⓐ，並均匀攪拌。

2 留一個空隙，輕輕蓋上保鮮膜（微波蓋）。以600W微波3分30秒。

3 在完成步驟【2】的容器中，加入咖哩塊及奶油，待溶解後加水均匀混合。接著加入泡過水的米，將之鋪平。撒上炸洋蔥後，覆蓋上保鮮膜（不留空隙），加熱8分30秒。

4 先在微波爐中悶5分鐘。然後掀開保鮮膜，攪拌均匀。

備料

事先用200ml的水浸泡米15～20分鐘。

1

將食材
攪拌均匀

2

微波 第一次
燉煮

食材（1人份）※2人份則增加為2倍份量。

A
- 雞腿肉（切成一口大小）… 100g
- 洋蔥（切末）… 30g
- 軟管大蒜（蒜泥）… 1cm（0.5g）
- 軟管薑（薑泥）… 1cm（0.5g）
- 番茄原汁 … 約1大匙（20g）
  ※1大匙為18g。
- 食用油 … 5g
- 鹽 … 3g

- 咖哩塊 … 15g
  ※使用的咖哩塊為〈S&B「金牌咖哩」中辣〉。
- 無鹽奶油 … 10g
- 水 … 150ml

- 免洗米 … 150g ※非免洗米亦可。
- 浸米水 … 200ml
  ※浸水15～20分鐘後，以洗米篩瀝乾水分。

- 炸洋蔥 … 10g

3

微波 第二次

燉煮

4

蒸

Hint! 以保鮮膜封緊容器，讓米接收到足夠的壓力，才能將米煮熟。

食材（1人份）※2人份則增加為2倍份量。

Ⓐ
- 碎豬肉 … 80g
- 洋蔥（切末）… 30g
- 軟管大蒜（蒜泥）… 5mm
- 軟管薑（薑泥）… 5mm
- 食用油 … 1茶匙
- 番茄原汁 … 20g ※1大匙為18g。
- 番茄醬 … 近1茶匙（5g）
- 咖哩塊 … 20g
  ※使用的咖哩塊為〈好侍「爪哇咖哩」中辣〉。
- 水 … 30ml

- 吐司 … 2片 ※依自己的喜好選擇厚度。
- 麵粉
- 蛋 … 1顆
- 麵包粉
- 炸油 … 約能浸泡三明治一半高度的量

作法

1 在耐熱容器中加入食材Ⓐ，並均勻攪拌。

2 留一個空隙，輕輕蓋上保鮮膜（微波蓋）。以600W微波2分30秒。

3 均勻攪拌，再蓋上保鮮膜（微波蓋），微波2分鐘。接著攪拌，以溶解咖哩塊。

4 使用足以平鋪吐司大小的平底鍋，倒入1cm高的油（依吐司厚度調整），並加熱至170℃。

5 將步驟【3】做好的咖哩夾入兩片吐司中，做成三明治，並切成對半。

6 將三明治沾滿麵粉。裹上蛋液後沾麵包粉，兩面各炸1分30秒。

Curry Bread

簡易咖哩麵包

只要用微波爐做好咖哩醬，
將之夾在吐司後油炸，便大功告成！

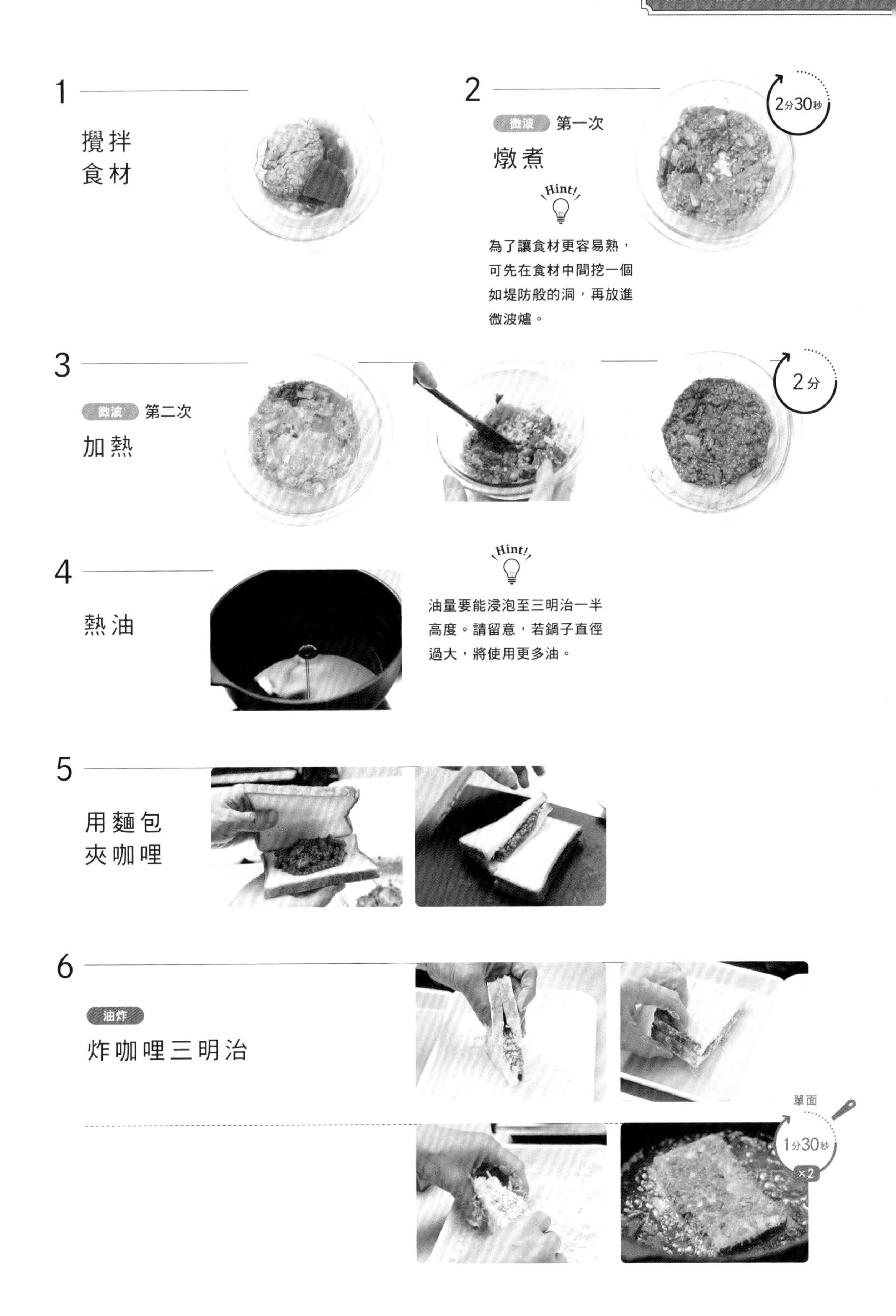

1
攪拌食材

2
微波 第一次
燉煮
2分30秒

Hint!

為了讓食材更容易熟，可先在食材中間挖一個如堤防般的洞，再放進微波爐。

3
微波 第二次
加熱
2分

4
熱油

Hint!

油量要能浸泡至三明治一半高度。請留意，若鍋子直徑過大，將使用更多油。

5
用麵包夾咖哩

6
油炸
炸咖哩三明治
單面 1分30秒 ×2

Dry Curry

雞絞肉
豌豆
乾咖哩

結合微波與炒咖哩的方式，
完成一道充滿絞肉甘甜的乾咖哩。

食材（1人份）※2人份則增加為2倍份量。

- 雞絞肉（雞胸與雞腿肉）… 150g
- 軟管大蒜（蒜泥）… 2cm（1g）
- 軟管薑（薑泥）… 2cm（1g）
- 優格（無糖原味）… 2大匙
- 青辣椒（去籽切末）… 1根
- 咖哩塊 … 1盤份
  ※使用的咖哩塊為〈S&B「本挽咖哩」中辣〉。

- 食用油 … 1茶匙
- 洋蔥（切丁）… 中型½顆（100g）
- 豌豆 … 1罐（85g）

作法

1 在耐熱容器加入絞肉、蒜泥、薑泥、優格、青辣椒，並均勻攪拌。接著加入咖哩塊，留一個空隙，輕輕蓋上保鮮膜（微波蓋）。以600W微波3分鐘。

2 將容器取出微波爐，並將絞肉攪散，均勻混合。

3 將食用油加入平底鍋，以中大火炒洋蔥約3分鐘，直到上色。

4 將步驟【2】的食材加入平底鍋炒1分鐘，當水分收乾後轉為小火。一面拌炒，一面加入豌豆。豌豆熱了之後，就大功告成了。

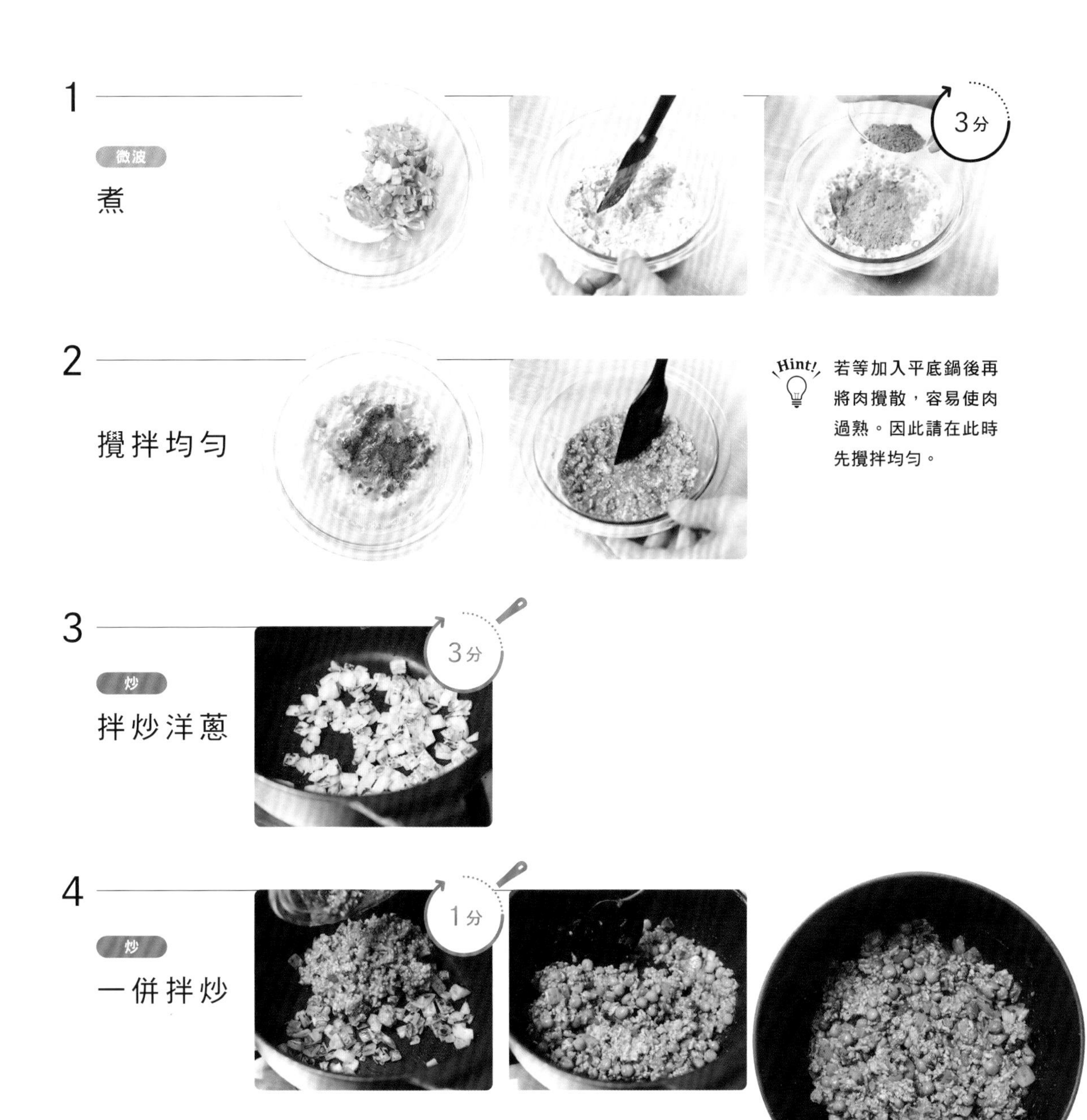

▲▲▲ Curry Hot Sandwich

黑芝麻絞肉熱壓三明治

加入黑芝麻和奶油的甜香點綴，
是一道很適合在派對分享的輕食。

食材（1人份）※2人份則增加為2倍份量。

Ⓐ
- 洋蔥（切末）… 30g
- 軟管大蒜（蒜泥）… 5mm（0.25g）
- 軟管薑（薑泥）… 5mm（0.25g）
- 麻油 … 10g
- 番茄原汁 … 20g ※1大匙為18g。

Ⓑ
- 碎豬肉 … 80g
- 黑芝麻粉 … 15g
- 咖哩塊 … 20g
  ※使用的咖哩塊為〈好侍「爪哇咖哩」中辣〉。
- 水 … 50ml

- 吐司 … 2片
- 無鹽奶油 … 適量
- 綜合起司 … 適量

作法

1 在耐熱容器中加入食材Ⓐ，並均勻攪拌。

2 留一個空隙，輕輕蓋上保鮮膜（微波蓋）。以600W微波1分30秒。

3 加入食材Ⓑ均勻攪拌，再蓋上保鮮膜（微波蓋），微波3分鐘。

4 用2片吐司夾餡及綜合起司。

5 在吐司的外側塗奶油，並用熱壓三明治機熱烤。

※若家中沒有熱壓三明治機，可用平底鍋以小火兩面各煎2分鐘。

1
攪拌食材
2
微波 第一次
煮
1分30秒
3
微波 第二次
加熱
3分
4
夾入咖哩
5
用熱壓三明治機熱烤

芝麻味噌美乃滋涼拌即食雞肉

- 即食雞肉（順著雞肉纖維撕碎）⋯ 50g
- 美乃滋⋯ 15g
- 焙煎白芝麻⋯ 1茶匙
- 味噌⋯ ½茶匙（4g）
- 軟管大蒜（蒜泥）⋯ 2cm（1g）

◆作法

將美乃滋、白芝麻、味噌、蒜泥攪拌均勻，接著拌入雞絲便完成了。

即食雞肉和芝麻味噌超搭！

輕鬆

用剩餘食材

做配菜！

做完咖哩後，常會剩下一些洋蔥、大蒜等。然而平時若不常做菜，直接把只剩½、¼的食材丟掉也很浪費。本篇將介紹如何利用剩餘食材，試著製作這些既簡單又美味的配菜吧！

清爽的酸味非常適合搭配咖哩食用！

洋蔥胡蘿蔔泡菜

- 洋蔥（切成1cm片狀）⋯ 中型¼顆（50g）
- 胡蘿蔔（切成長5cm、寬5mm的條狀）⋯ ¼根（50g）
- 萬用醋⋯ 50ml　※若沒有萬用醋，請用下列食材製作。
  - 醋（蘋果醋、穀物醋）⋯ 50ml
  - 砂糖⋯ 2茶匙（6g）
  - 鹽⋯ 2撮（1g）

◆作法

將「萬用醋※」和洋蔥、胡蘿蔔加入保鮮袋，並把空氣擠出後密封，冰入冰箱2小時（若時間允許，最好放一晚，約8小時）。等時間到，便可取出食用了。

印度風洋蔥漬物

- 洋蔥（切成5mm片狀）⋯ ¼顆（50g）
- 辣椒粉⋯ ½茶匙
- 鹽⋯ ¼茶匙（1.5g）
- 軟管大蒜（蒜泥）⋯ 2cm（1g）
- 檸檬原汁⋯ 1茶匙

※約為⅙顆檸檬擠成汁的量。

◆作法

將所有食材放入碗中混合均勻，約等待30分鐘，直到入味就完成了。

洋蔥與調味料嗆辣交錯的辛辣小菜！

簡易版胡蘿蔔沙拉

- 胡蘿蔔（切成長5cm胡蘿蔔絲）… ¼根（50g）
- 鹽 … 1撮（0.5g）
- 砂糖 … ⅓茶匙（1g）
- 黑胡椒 … 少許（約撒2下的量）
- 柳橙汁 … 1茶匙　※可換成½茶匙的檸檬原汁。
- 橄欖油 … 1茶匙

胡蘿蔔的甜會讓人上癮！

◆作法

將所有食材加入碗中，充分混合後靜置5分鐘，待胡蘿蔔入味後便完成了。

淋在咖哩上也很美味！

優格沙拉（印度優格醬風味）

- 無糖原味優格 … ½杯（100ml）
- 鹽 … ¼茶匙（1.5g）
- 番茄（切成1cm丁狀）… ¼顆
- 洋蔥（切末）… 中型⅛顆
- 辣椒粉 … 少許（約撒1下的量）
- 黑胡椒 … 少許（約撒1下的量）
- 檸檬原汁 … 少許（2～3滴）

◆作法

將食材全部放入碗中混合，最後再撒上辣椒粉就完成了。

辣味馬鈴薯沙拉

- 馬鈴薯（切成一口大小）… 1顆（150g）
- 水 … 1茶匙
- 鹽 … ⅓茶匙（1g）　※依個人口味調整。
- 洋蔥（切末）… 中型⅛顆（25g）　※泡水3分鐘左右，將水瀝乾。
- 水煮蛋 … ½顆
  ※水煮蛋的作法請參考P25。
- 美乃滋 … 2大匙
- 辣椒粉 … ½茶匙
- 巴西里（切末）… 2g

◆作法

將馬鈴薯加入耐熱容器中，並加入水。蓋上保鮮膜，以600W微波4分鐘。取出後趁熱撒上鹽巴，並加入洋蔥、水煮蛋。然後利用叉子背面等工具，將食材搗成自己喜歡的大小並混合。待放涼後，再加入剩餘食材並攪拌，就大功告成了。

用水煮蛋與馬鈴薯做出極品沙拉！

味噌醋漬長蔥

- 長蔥（約3cm長段）… ½根（50g）

【**味噌醋**】混合以下食材製作

- 味噌 … 1茶匙
- 萬用醋 … 2茶匙（10ml）
  ※若沒有萬用醋，請用下列食材製作。
  - 醋（蘋果醋、穀物醋）… 2茶匙（10ml）
  - 砂糖 … 1.5茶匙（4.5g）
  - 鹽 … 少許（0.2g）

最佳下酒菜！

◆作法

將長蔥放入耐熱碗中，蓋上保鮮膜，以600W微波3分鐘。待放涼後，以廚房紙擦乾蔥散發出的水氣，再拌入「味噌醋」就完成了。

再來一道!!
期待
滿分食譜

本篇將介紹多道以咖哩入菜的食譜。
咖哩不僅能做下酒菜，
也能變身甜點！

也適合用來當成下酒菜！

Otsumami Curry

高麗菜
魩仔魚咖哩

食材（1人份）※2人份則增加為2倍份量。

- 咖哩塊…½盤份
  ※使用的咖哩塊為〈S&B「金牌咖哩」中辣〉。
- 熱水…150ml
- 食用油…1大匙
- 洋蔥（切片）…中型¼顆（50g）
- 軟管大蒜（蒜泥）…10cm（5g）
- 軟管薑（薑泥）…10cm（5g）
- 高麗菜（切成一口大小）…⅛顆（150g）
- 魩仔魚…25g
- 鰹魚醬油…1茶匙
- 麻油…½茶匙（2g）

作法

1 在耐熱量杯中加入咖哩塊，並加入熱水溶解。

2 將食用油倒入平底鍋加熱，並以中火拌炒洋蔥1分30秒。待洋蔥變透明後，加入蒜泥和薑泥一同拌炒。

3 加入高麗菜，再持續拌炒2分50秒，直到高麗菜上色。

4 加入以熱水溶解的咖哩塊。

5 燉煮5分30秒，直到全部食材入味、咖哩醬變得濃稠為止。待咖哩變濃稠後，加入魩仔魚和鰹魚醬油充分半炒，最後滴入麻油，增添香氣。

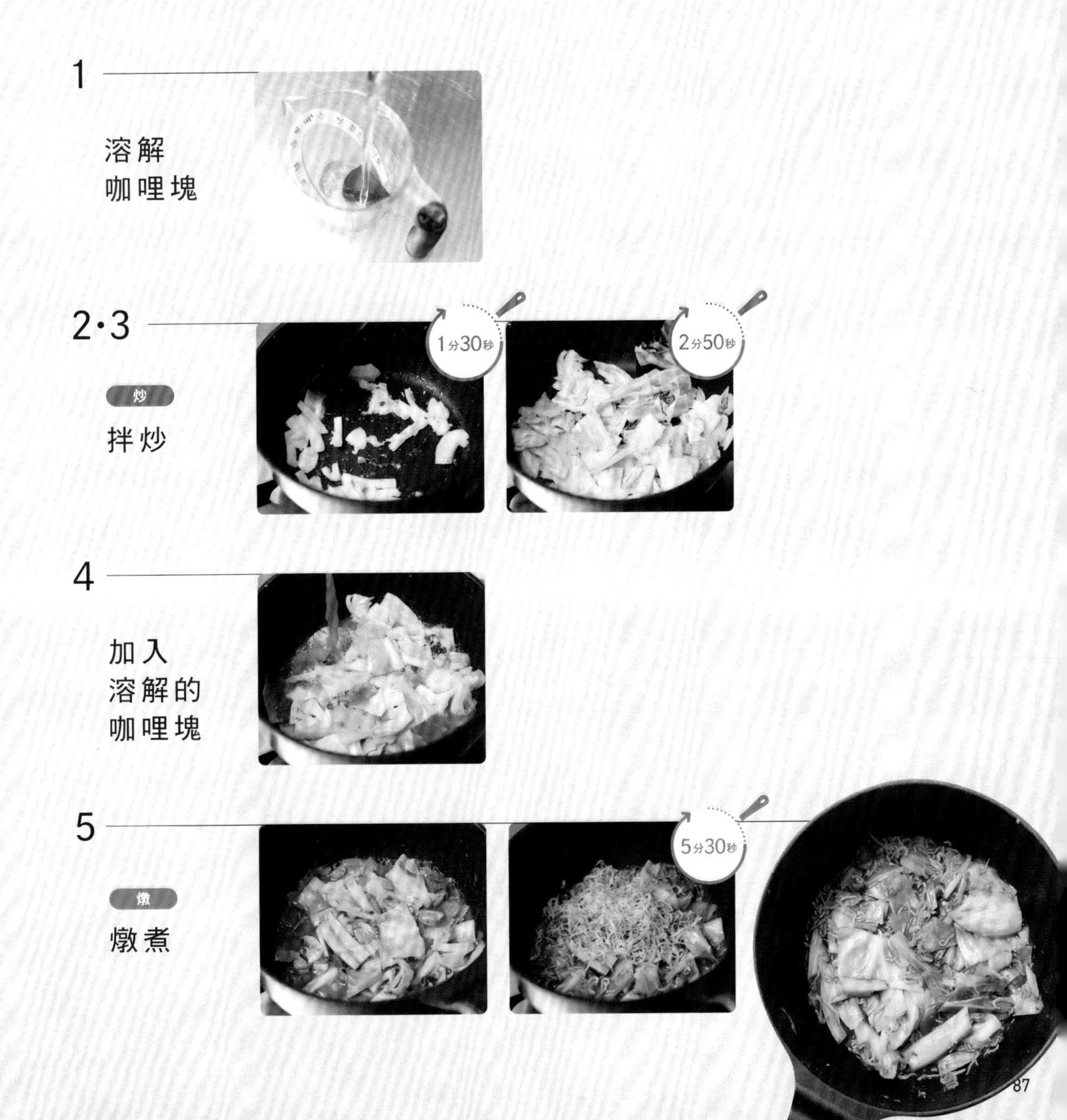

Curry Toast bread

鹹牛肉
咖哩吐司

最適合當成點心，連小朋友也超喜歡！

食材（1人份）※2人份則增加為2倍份量。

A
- 鹹牛肉…80g
  ※本食譜使用1盒明治屋鹹牛肉。
- 洋蔥（切末）…20g
- 咖哩塊…20g
  ※使用的咖哩塊為〈好侍「爪哇咖哩」中辣〉。
- 番茄原汁…20g　※1大匙為18g。
- 軟管大蒜（蒜泥）…1cm（0.5g）
- 軟管薑（薑泥）…1cm（0.5g）
- 牛奶…25ml

- 吐司…2片
- 起司片…2片
- 美乃滋…適量
- 乾燥巴西里…適量（依個人喜好）

作法

1 在耐熱容器中加入食材Ⓐ，並均勻攪拌。

2 留一個空隙，輕輕蓋上保鮮膜（微波蓋）。以600W微波3分鐘。

3 使咖哩塊與食材均勻攪拌混合後，再蓋上保鮮膜（微波蓋），微波30秒。

4 在吐司上塗美乃滋，放上鹹牛肉，再鋪上起司片。

5 烤3～5分鐘，直到起司融化。最後再依照個人喜好，撒上適量巴西里。

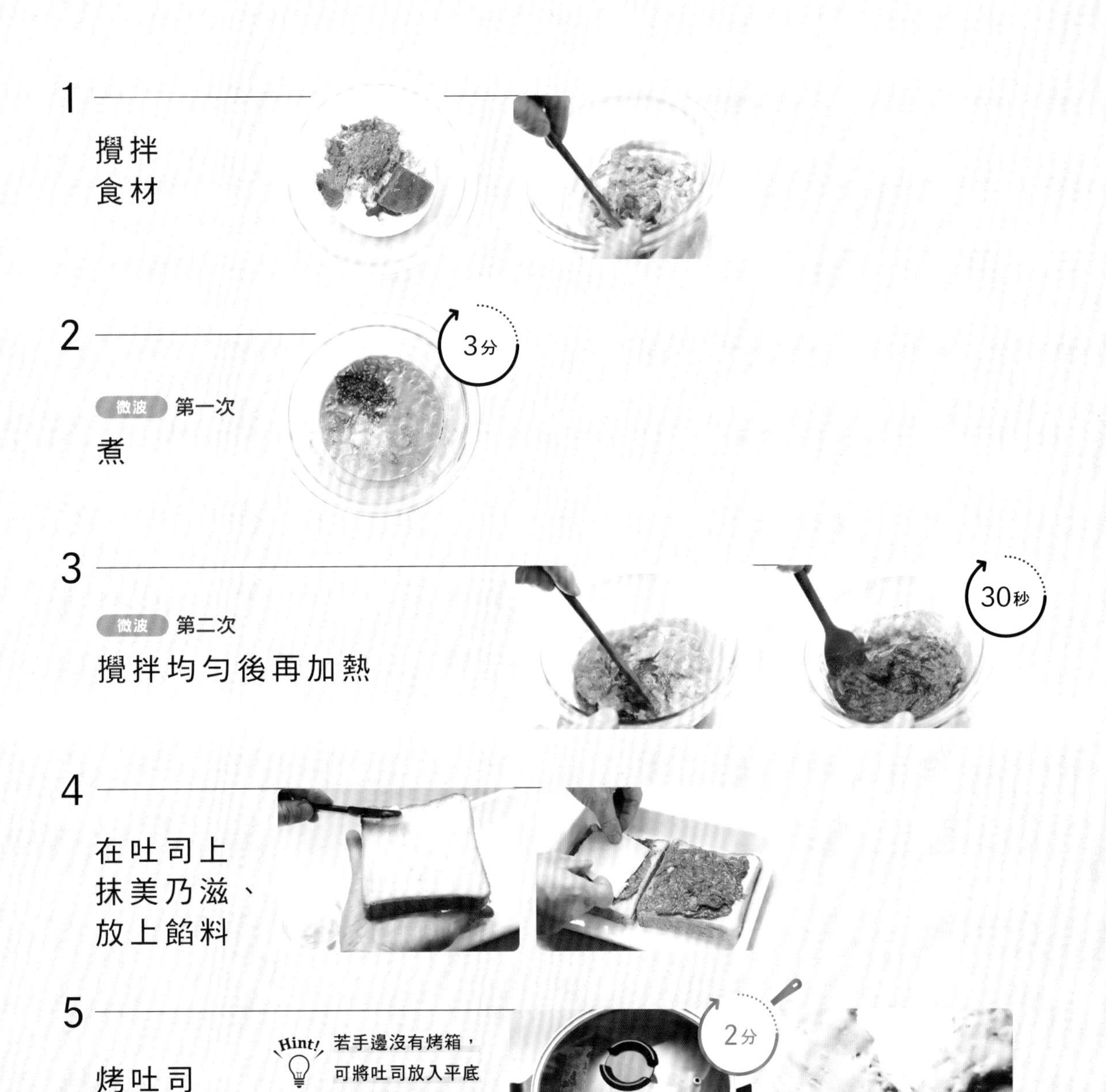

挑戰用咖哩做甜點！

Dessert Curry

蘋果茅屋
起司佐楓糖咖哩

食材（1人份）

※2人份則增加為2倍份量。

- 蘋果（切成0.5cm寬圓片）… ½顆
- 咖哩塊 … 1盤份
  ※使用的咖哩塊為〈Glico「頂級熟成咖哩」甜味〉。
- 熱水 … 150ml
- 茅屋起司 … 2大匙
- 楓糖漿 … 1大匙

作法

1 用寶特瓶蓋去掉蘋果片上的籽，並將蘋果片平鋪在盤子上。以600W微波2分鐘後，放入冰箱5分鐘冷卻。

2 在耐熱量杯中加入咖哩塊，加入熱水溶解。接著倒入鍋中，以小火煮2分30秒，直到咖哩醬變得濃稠。

3 將放涼後的蘋果堆疊起來，並把茅屋起司填入蘋果中心的洞中，再從上方淋上楓糖漿。

4 將咖哩醬倒至蘋果周圍，這道料理就大功告成了。可以用湯匙切蘋果，搭配起司與咖哩醬一同食用。

1

微波 第一次

加熱蘋果

2

燉

溶解咖哩塊後燉煮

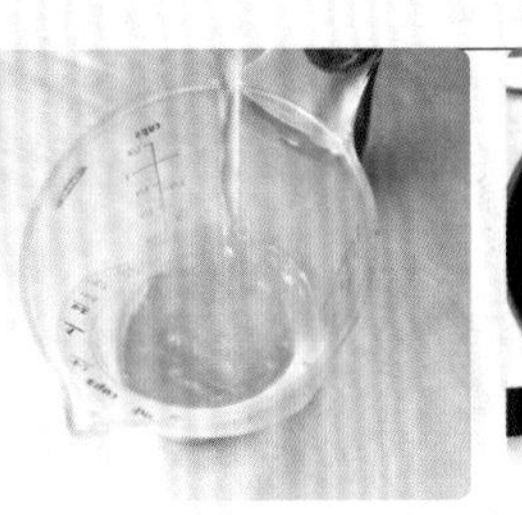

3・4

盛盤

Sausage Curry

香腸蔬菜燉菜風咖哩

也能當作湯品享用！

食材（1人份）※2人份則增加為2倍份量。

- 咖哩塊…1盤份
  ※使用的咖哩塊為〈S&B「晚餐咖哩」中辣〉。
- 熱水…200ml
- 雞粉…1茶匙
- 食用油…2茶匙
- 蔬菜…總計150g
  ※可使用手邊任何蔬菜。

洋蔥（切成1cm丁狀）…25g
胡蘿蔔（切成1cm丁狀）…25g
馬鈴薯（切成1cm丁狀）…25g
蘆筍（3cm）…25g
高麗菜（切成2cm丁狀）…25g
豌豆…25g

- 香腸（切成5mm寬）…50g
  ※可使用培根。
- 胡椒…1撮（0.5g）

作法

1 在耐熱量杯中加入咖哩塊和雞粉，並加入熱水溶解。

2 將食用油倒入平底鍋，並將洋蔥、胡蘿蔔、馬鈴薯、蘆筍、香腸放入鍋中。以中火拌炒約1分30秒，直到香腸熟了之後，再加入高麗菜和豌豆，炒30秒。

3 加入以熱水溶解的咖哩塊，維持中火，並蓋上鍋蓋。

4 待煮滾後轉為小火，並不時攪拌鍋底，燉煮約10分鐘，最後撒上胡椒。

1

溶解
咖哩塊與
雞粉

2

炒

拌炒

3

加入
溶解的
咖哩塊

Hint! 蓋上鍋蓋，以免水分蒸發。

4

燉

燉煮

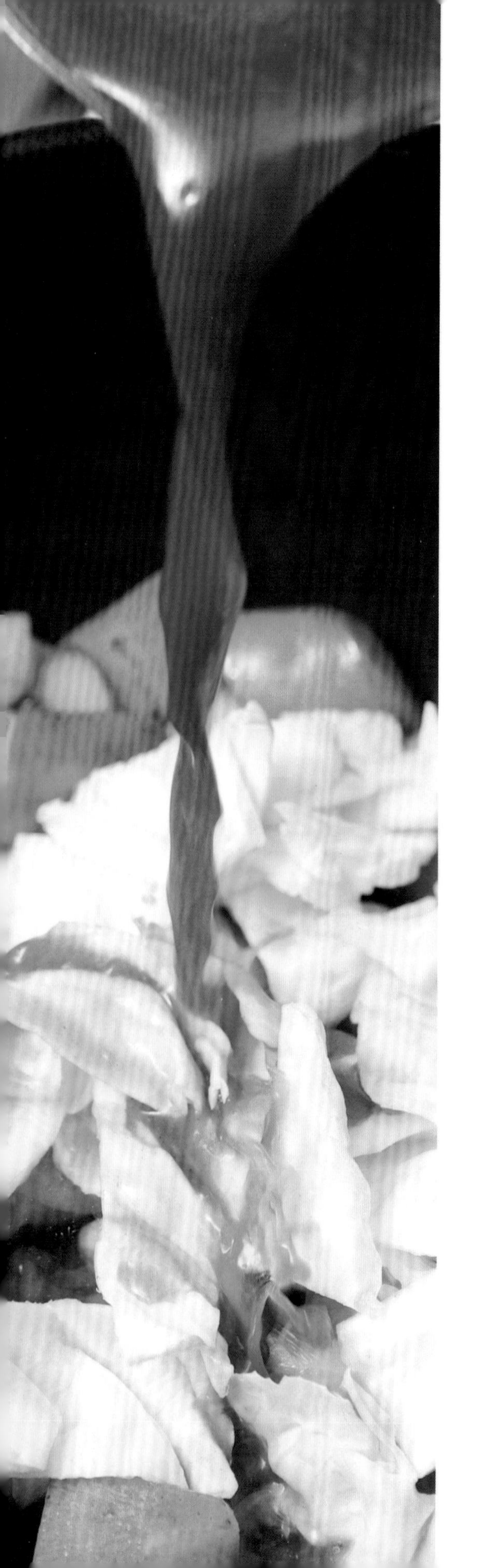

東京咖哩番長

於1999年成立的創意咖哩集團，將咖哩作為交流方式，展開各項活動。以「咖哩是一種LIVE！」為號召，在全國各地參與活動及派對，並為大家帶來快樂及當日限定的原創咖哩。活動宗旨為「同樣的咖哩不做第二次！」。

作者　東京咖哩番長

食譜製作　伊東 盛（リーダー）
しまぱん（パン主任）
しもじー（ワーゲン主任）
ボンジュールイシイ（お祭り主任）
たんの（ムービー主任）
おしょう。（炊飯主任）

烹飪助理　大浦坂美保、大森 遊、迫田芳弘、じゅんこごはん
Magic Angie、宮尾京子、山本一人、古川麻美

攝影　伊東 淳（有限会社バウンド）

攝影協力　UTUWA

取材協力　水野仁輔

編輯　オフィスJ.B　光元志佳　中澤雄介

設計　小田原宏樹

HITORIBUN NO GOKUUMA RU CURRY

出　　　版／楓書坊文化出版社
地　　　址／新北市板橋區信義路163巷3號10樓
郵 政 劃 撥／19907596　楓書坊文化出版社
網　　　址／www.maplebook.com.tw
電　　　話／02-2957-6096
傳　　　真／02-2957-6435
翻　　　譯／李婉寧
責 任 編 輯／邱凱蓉
內 文 排 版／洪浩剛
港 澳 經 銷／泛華發行代理有限公司
定　　　價／320元
出 版 日 期／2023年5月

國家圖書館出版品預行編目資料

15分鐘省時、省錢食譜！一人份咖哩塊料理 / 東京咖哩番長作；李婉寧翻譯. -- 初版. -- 新北市：楓書坊文化出版社, 2023.05　面；　公分

ISBN 978-986-377-853-0（平裝）

1. 食譜

427.1　　112004050